PHOTOGRAPHIER LES FLEURS

Toutes les techniques, du terrain à l'ordinateur

Remerciements

J'aimerais exprimer ma gratitude envers les personnes qui ont contribué de près ou de loin à l'aboutissement de ce projet, en m'accordant un peu de leur temps ou en m'autorisant l'accès à des ressources matérielles, à des bibliothèques d'images ou à des lieux de prises de vue :

– Ma femme, Marie, pour la vision critique et les conseils judicieux qu'elle m'a apportés lors de la conception de cet ouvrage.

– Manfrotto France, en la personne de Stéphane Dervichian (chef de produit trépieds), pour m'avoir autorisé l'usage de visuels pour illustrer la partie consacrée aux accessoires.

– Cokin France, en la personne de Romain Viano (responsable marketing), pour les mêmes raisons.

– Le jardin botanique du Montet à Vandœuvre-lès-Nancy, en la personne de Katia Astafieff (responsable communication), pour m'avoir concédé les droits d'utilisation des photos réalisées au sein de cet espace, et m'avoir donné un accès privilégié aux serres tropicales. Toutes les photos du chapitre dédié au jardin botanique (et d'autres disséminées dans le livre) ont été réalisées dans ce magnifique jardin et ses serres.

– Nikon France, en la personne de Mylène Amdjad (responsable communication), pour m'avoir autorisé l'usage des pictogrammes d'appareils photo (reflex, bridge ou compact) présents sur le site de leur support technique, pour ensuite les inclure dans mes schémas explicatifs. Un grand merci donc, d'autant que Mme Amdjad m'avait déjà accordé sa confiance lors de la rédaction de mon premier livre.

– MissNumerique, en la personne de Julien Laurent (directeur), pour avoir généreusement mis à ma disposition un objectif à bascule, me permettant ainsi de consacrer un chapitre à cette optique surprenante.

– Canon France, en la personne de Renaud Bouré (responsable des relations presse), sans qui ce livre aurait été tronqué de plusieurs paragraphes et quelques dizaines de photos, faute de matériel. Sans cette précieuse aide, une partie du chapitre dédié au grand-angle et le chapitre dédié au bridge dans sa globalité n'auraient tout simplement pas vu le jour.

– Enfin je remercie mes parents d'avoir suscité cette folle passion qu'est la photographie nature, qui m'anime depuis plusieurs années déjà.

Couverture : Monique Wender
Maquette intérieure et mise en pages : Monique Wender
Préparation : Gérard Tassi
Correction : Monika Gabbay
Conseiller scientifique pour la botanique : Jean Terrisse

ISBN : 978-2-603-01979-5

Dépôt légal : mars 2014

Photogravure : APS Chromostyle
Achevé d'imprimer en février 2014
sur les presses de Pollina
N° d'impression : L67183
Dépôt légal : mars 2014

Clément Wurmser

PHOTOGRAPHIER LES FLEURS

Toutes les techniques, du terrain à l'ordinateur

delachaux et niestlé

SOMMAIRE

INTRODUCTION

D'aussi loin que je me souvienne, j'ai toujours été attiré par la nature, cet univers haut en couleur qui vit et évolue au rythme des saisons, tapisse nos horizons de mille et une nuances, et nous offre un spectacle qu'aucune construction humaine ne saurait égaler.

Mon intérêt pour la photographie n'est apparu que bien plus tard, il y a moins d'une dizaine d'années, quand un hasard bien inspiré poussa mes parents à m'offrir un A80, petit compact numérique de 4 mégapixels, ce qui prête à sourire aujourd'hui, mais forçait le respect à l'époque.

D'abord sceptique à l'égard de ce drôle d'engin que je tenais entre les mains (jusqu'alors un appareil photo était nécessairement jetable à mes yeux), j'ai vite constaté qu'il serait un outil indispensable dans la découverte et l'étude du microcosme qui peuplait mon jardin : insectes, araignées, mais surtout fleurs, plantes et arbustes devinrent mes sujets de prédilection. Quelques clichés d'arthropodes, qui brillaient par leur côté spectaculaire, vinrent côtoyer de multiples prises de vue végétales, que j'affectionnais particulièrement pour la douceur et la riche palette chromatique qu'elles affichaient.

Je n'ai guère évolué dans le choix de mes sujets depuis... les fleurs et les insectes constituent toujours la majeure partie de mon portfolio. À ce jour, je reste persuadé que la Nature est une source intarissable de clichés originaux, et je ne m'imagine pas aborder d'autres domaines de la photographie, tant cet « or vert » semble avoir de secrets à nous dévoiler.

Les photos présentes dans ce livre ont été réalisées avec le matériel suivant :

Appareils

- Canon EOS 5D Mark II (plein format)
- Canon EOS 20D (APS-C)
- Canon PowerShot SX50 HS (1/2.3")
- Canon Digital IXUS 95 IS (1/2.3")
- IPhone 4S (1/3.2")

Objectifs

- Canon 300 mm f/4 L IS USM
- Canon 100 mm MACRO f/2.8 L IS USM
- Canon 50 mm f/1.8
- Canon 24-70 mm f/2.8 L USM
- Canon 8-15 mm FISHEYE f/4 L USM
- Canon TS-E 90 mm f/2.8
- Canon MP-E 65 mm f/2.8

Flashes

- Canon Speedlite 430EX
- Canon MT-24EX

Accessoires

- Kenko Extension Tube DG 12/20/36
- Kenko Teleplus PRO 300 DG 1.4x
- Raynox Close-up Lens DCR-250
- Cokin filtres P-Series

NOTIONS DE BASE

COMPOSITION ET CADRAGE

Entreprendre la lecture d'un ouvrage technique, qui plus est consacré à la photographie si ce domaine ne vous est pas familier, est un peu comme prendre un rendez-vous chez le dentiste : on appréhende quelque temps auparavant, on essaie tant bien que mal de porter notre attention sur l'interminable monologue du spécialiste lors de la consultation, et même si, finalement, la satisfaction d'avoir surmonté cette épreuve l'emporte, on se jure de ne jamais y retourner.

J'espère qu'il n'en sera pas de même pour ce livre. Essayons donc de faire en sorte que ce moment de partage se passe pour le mieux : je vous propose pour ce faire de fonctionner par étapes.
Vous en conviendrez, la première chose à faire, avant même de choisir ses paramètres de prise de vue et de déclencher, est d'observer votre sujet à travers le viseur ou l'écran de visée afin de déterminer le meilleur angle de prise de vue, les éléments du décor à inclure ou non pour ne pas nuire à la lisibilité de l'image, l'arrière-plan le plus flatteur, etc., bref, tout ces petits réflexes que vous adoptez inconsciemment et qui vont déterminer la structure de la photo.
Cet art, qui consiste à agencer harmonieusement les éléments au sein d'un cliché, se nomme « la composition ». Rien de technique ici, tout est subjectif, et n'a pour dessein que de satisfaire l'œil humain, conditionné, nous allons le voir, à décrypter chaque image qu'on lui présente.

Règle des tiers

Depuis notre plus tendre jeunesse, nous avons été éduqués à déchiffrer ces hiéroglyphes que l'on nomme « mots » ou « phrases » de gauche à droite et de haut en bas. Notre cerveau a donc été influencé par cette méthode d'analyse de document, au point qu'elle en devient instinctive à l'âge adulte. Vous pourrez faire le test en ouvrant votre prochaine facture EDF : avant même de lire ce document ligne par ligne de manière précise, votre œil le survolera dans sa globalité en décrivant un « Z ». Il semblerait même que lors de cette lecture partielle, chaque déplacement de l'œil corresponde à un mode de recherche : vertical pour « découvrir des éléments intéressants » et horizontal pour les assimiler une fois ceux-ci détectés.
De cette constatation a été créée la règle dite « des tiers », qui consiste à placer les éléments d'une scène sur des points de la photo dont la position est déterminée par ce fameux parcours en « Z ». Vous brûlez certainement d'impatience de connaître la position de ces « points forts » (ou « chauds »)... La voici :

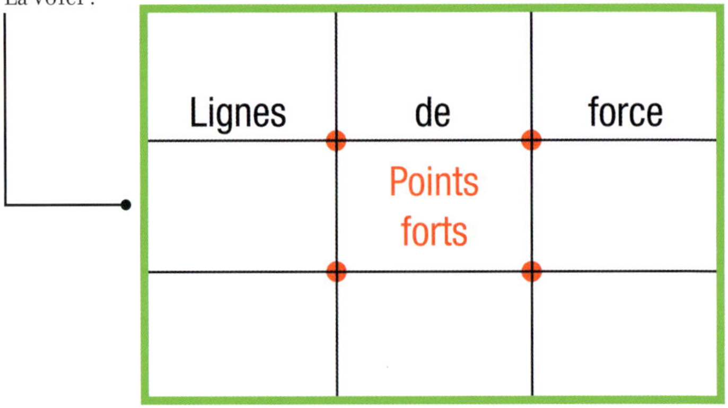

En plaçant le ou les éléments que vous souhaitez mettre en valeur sur l'un de ces points, vous leur assurez un maximum d'impact visuel. Les quatre lignes imaginaires qui découpent l'image sont appelées « lignes de force ». Voici un petit exemple de recadrage qui met en application la règle des tiers :

La première photo ne respecte clairement pas la règle des tiers ; on la décale donc légèrement de manière à placer l'orchidée sur un point fort.

***Orchis* sp., Orchis sp.**
Canon 5D Mark II
300 mm
f/4s
1/125 s
ISO 160

Sachez également que si vous placez deux éléments importants sur une même ligne de force, ils perdront de leur impact. De même, en plaçant un élément non important sur un point fort, vous ferez de l'ombre à votre sujet principal. Bien sûr, comme toute règle, celle des tiers n'est pas absolue, et vous pouvez vous en écarter par simple choix artistique ou parce qu'elle entrerait en conflit avec l'une des autres règles décrites plus bas.
Dans la pratique, les constructeurs ont pensé à équiper leurs compacts les plus récents d'une option qui permet d'afficher la « grille des tiers » en surbrillance sur l'écran de visée, pour pouvoir composer rapidement sa photo sans se lancer dans des estimations peu précises.

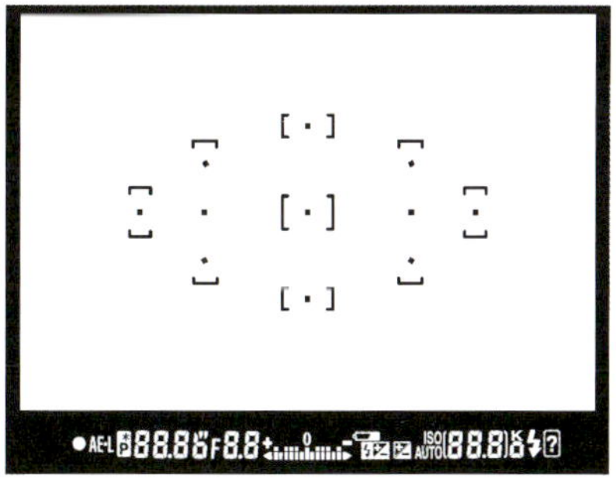

De même, si vous utilisez un reflex ou un bridge, il est possible de vous aider des collimateurs (petits rectangles visibles dans le réticule de visée qui permettent de réaliser la mise au point) pour ajuster votre cadrage.

Pachycereus pecten-aboriginum
Canon 20D
100 mm
f/3.5
1/250 s
ISO 500

Symétrie

Sans doute l'erreur la plus courante chez le photographe débutant : cette propension quasi obsessionnelle qu'il a de systématiquement centrer son sujet, comme s'il cherchait volontairement à priver son cliché de tout dynamisme. On ne le répètera jamais assez, centrer son sujet, c'est comme croiser les effluves, c'est mal. Il y a cependant un cas dans lequel il est possible et même conseillé de le faire : pour mettre en évidence la symétrie de son modèle. Dans cette situation, le regard va vagabonder alternativement des deux côtés de l'axe de symétrie, à la recherche de similitudes. Comme on sait que la répétition d'éléments identiques sur une même photo augmente son impact, on aurait tort de ne pas s'y essayer.

Spirale

Cas particulier dans la composition d'une photo, la spirale a un pouvoir quasi hypnotique sur notre cerveau, car on l'associe instinctivement à un mouvement continu (à l'exemple des illusionnistes qui envoûtent leur victime en lui présentant une spirale tournoyante, générant ainsi un effet d'optique saisissant) : l'œil la parcourt lentement, amorçant sa course par la courbe la plus éloignée pour finalement venir se focaliser en son centre.

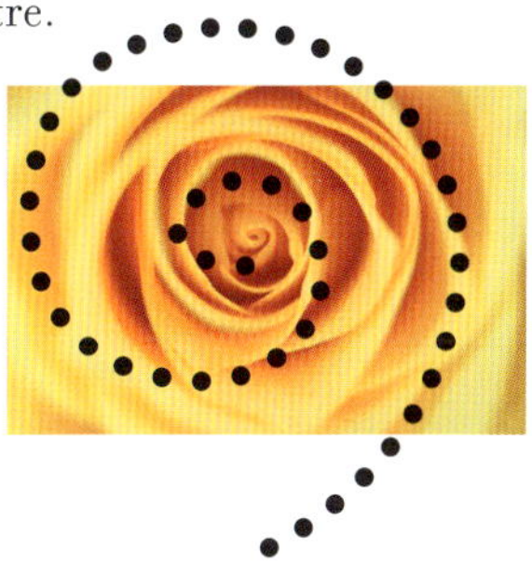

Rose
Canon 20D
65 mm
f/4.5
1/3 s
ISO 200

Lignes directrices

Ces lignes, qui comme les points chauds permettent de guider le regard de l'observateur vers un élément clé, se distinguent de ces derniers par leur présence physique sur le cliché : un brin d'herbe, un arbre, des pétales, etc. sont autant de composants graphiques susceptibles de donner de la force à votre image. Verticales ou horizontales, elles lui donneront un rythme statique ; obliques, votre composition s'en trouvera dynamisée. Nul besoin d'une pléthore de lignes pour créer un effet, une simple diagonale peut aisément suffire : la forme longiligne des tiges des fleurs s'y prête particulièrement.

Nymphaea colorata
Canon 5D Mark II
100 mm
f/5.6
1/200 s
ISO 500

Orientation du sujet

Il s'agit davantage ici d'une considération liée à la photo de portraits humains, mais elle reste applicable à la botanique.
Je m'explique : quel que soit le cadrage choisi pour un portrait, il faut toujours garder de l'espace devant le regard du sujet, car le vide ainsi réservé devant les yeux du modèle guide le spectateur dans sa lecture de l'image, des yeux vers le vide, créant ainsi une dynamique sur un sujet même immobile. Il est souhaitable de libérer l'espace sur toute photo où la fleur n'est pas complètement de face, mais légèrement orientée à droite ou à gauche.

Primula veris
Canon 5D Mark II
300 mm
f/4
1/640 s
ISO 160

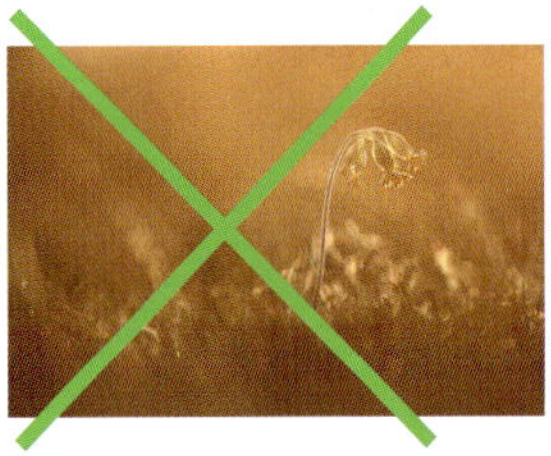

Lamier pourpre
Canon 5D Mark II
300 mm
f/4
1/640 s
ISO 400

Les couleurs

Le juste choix des couleurs (même si, une fois sur le terrain, on peut rarement choisir… dans le cadre de photos réalisées en studio, tout est possible… j'y reviendrai) est un exercice périlleux, mais peut faire d'un cliché réussi… un cliché très réussi. L'usage de couleurs dites complémentaires donne de la force au sujet en le détachant de son environnement, qui occupe du coup une place prépondérante sur la photo, et non plus secondaire comme c'est souvent le cas. Deux couleurs sont dites complémentaires si leur mélange (optique) donne du blanc : vert et magenta, rouge et cyan, bleu et jaune, etc. en sont de parfaits exemples.

Composez également avec les couleurs « passe-partout» que sont le blanc (qui apporte de la lumière), le noir (qui crée du contraste) et les nuances de gris.

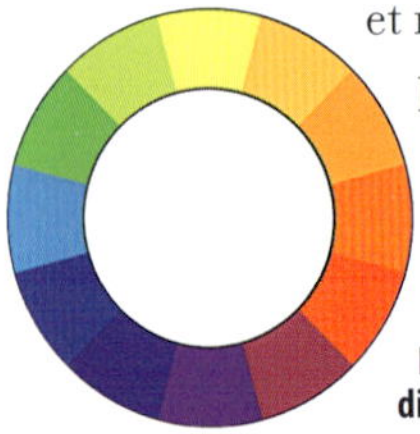

Deux couleurs sont dites complémentaires si elles sont diamétralement opposées sur le cercle chromatique.

Contrastes

En soi, choisir des couleurs complémentaires correspond déjà à une recherche de contraste, l'une d'elles étant nécessairement chaude et l'autre froide. Cette notion, qui ne se limite cependant pas à un simple choix de couleurs, quantifie la variation de luminosité entre différents éléments constitutifs de l'image. Un fort contraste donne généralement une sensation de volume, du fait même que l'œil humain va considérer les surfaces claires comme étant plus proches que les surfaces foncées.

Fleur de colza
Canon 20D
300 mm
f/4
1/5000 s
ISO 160

Horizontal ou vertical ?

Pour terminer, voici un dilemme auquel vous serez nécessairement confronté un jour : le sens d'orientation de votre appareil. Cette question faisant débat dans les hautes sphères de la photographie depuis des générations, il serait bien présomptueux de ma part de vous donner une règle universelle. Je peux cependant vous suggérer quelques pistes, ce qui ne devrait normalement pas m'attirer les foudres de mes pairs. On considère souvent une image au format paysage (horizontal), qui correspond au sens de vision gauche-droite de l'œil humain, comme plus équilibrée, de par la sensation de stabilité qu'elle procure. À l'inverse, une photo au format portrait (vertical) est dynamique pour notre œil, peu habitué à déchiffrer ce format. Les perspectives et les diagonales y semblent accentuées, et les éléments verticaux plus allongés. Vous l'aurez compris, en un mot comme en cent : « Essayez et comparez », et laissez votre sensibilité artistique s'exprimer.

Anémone pulsatille
Canon 5D Mark II
300 mm
f/4
1/1250 s
ISO 400

OUVERTURE ET PROFONDEUR DE CHAMP

Nous avons abordé dans le chapitre précédent tout le processus de prédéclenchement nécessaire à la construction d'une photo susceptible de berner notre œil, en lui présentant des compositions correspondant à ses codes d'esthétisme.

Mettons, si vous le voulez bien, notre regard, notre sensibilité, nos émotions de côté, car tout ce qui va se passer à partir de maintenant n'est que purement mécanique, et même machinal, automatique, et ne laisse aucune place aux sentiments… ce qui n'est finalement pas un mal et vous permettra au cours de votre apprentissage d'identifier vos lacunes (liées soit à votre maîtrise technique, soit à votre sensibilité de photographe… soit aux deux) si vous constatez que vos photos sont un fiasco. Et elles le seront à vos débuts, mais pas d'inquiétude, la progression dans ce domaine est très rapide et fonctionne même sur le principe d'un cercle vertueux : votre maîtrise technique vous encouragera à tenter de nouvelles choses, plus personnelles, plus originales, et inversement, l'évolution du regard que vous portez à vos sujets vous obligera à travailler votre savoir-faire technique pour réaliser une photo répondant à vos attentes.

Le diaphragme

Regard, œil, yeux… cessons définitivement d'utiliser ce vocabulaire « morphobiologique » et intéressons-nous, si vous le voulez bien, à un élément central : j'ai nommé le diaphragme ! Le diaphragme est un dispositif mécanique situé dans l'objectif, composé d'un ensemble de lamelles métalliques et fonctionnant à la manière d'un œil (je n'ai pas pu m'en empêcher… désolé) : l'ouverture formée par la superposition des lamelles est en effet réglable, ce qui permet, entre autres, de laisser passer plus ou moins de lumière. L'analogie avec notre pupille, et sa contraction violente quand nous fixons une source de lumière, est évidente. Celle avec le diaphragme (l'organe), qui, je le rappelle, joue un rôle fondamental dans la ventilation pulmonaire, l'est moins… la langue française est éblouissante.

Les valeurs d'ouverture

Les plus fins observateurs d'entre vous auront certainement remarqué, sur le schéma ci-contre, que chaque ouverture s'accompagne d'une valeur, préfixée par le caractère « f/ ».
À quoi correspondent ces chiffres, et pourquoi ne pas avoir utilisé de valeurs entières ? En somme, pourquoi tant de haine ? Je comprends parfaitement votre amertume, mais tout ceci est parfaitement justifié.

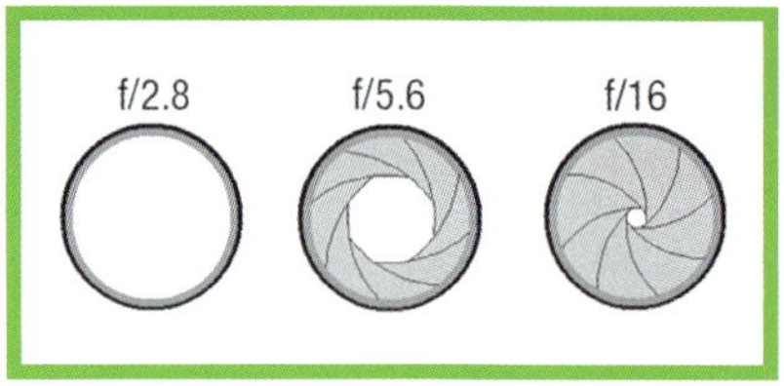

Commençons par le commencement. Vous le savez, le caractère « / » est utilisé en mathématiques pour symboliser une division.
Pas de piège ici, puisque le chiffre associé à chaque pictogramme sur le schéma, autrement appelé « ouverture relative », est le fruit de la division de la focale de l'objec… .tif par… (blague) Mais pourquoi employer ici un terme qui ne sera expliqué que plus tard ? Escroc ! Imposteur ! Remboursez ! Parce que j'ai malheureusement dû faire des concessions au moment de la rédaction de cet ouvrage : le chapitre dédié à la focale faisant référence à des termes abordés dans cette première partie, je me suis retrouvé tel le serpent qui se mord la queue, et j'ai finalement retenu cette solution, d'autant que tout néophyte sait que ce terme se réfère au chiffre, exprimé en millimètres, qui caractérise un objectif (50 mm, 100 mm ,etc.). Nul

besoin d'en savoir plus pour l'instant. Pour ce qui est du remboursement, pourquoi pas, mais au prorata de ce que vous avez lu jusqu'ici, cela me semble être la moindre des choses. Continuons.

L'ouverture relative, disais-je, est le fruit de la division de la focale de l'objectif utilisé par le diamètre du « trou » formé par les lamelles métalliques : ainsi, plus le diamètre de ce fameux trou sera petit, plus l'ouverture relative sera grande. Par souci de commodité, je parlerai désormais simplement d'« ouverture » pour désigner l'ouverture relative, abus de langage largement adopté dans le milieu de la photographie.

Voici d'ailleurs la liste des valeurs « normalisées » les plus courantes que peut prendre cette ouverture, de la plus grande à la plus petite :

f/1 – f/1.4 – f/2 – f/2.8 – f/4 – f/5.6 – f/8 – f/11 – f/16 – f/22 – f/32

Reste donc à élucider le mystère que cachent ces valeurs farfelues… mais pas si farfelues en fait : remarquez que l'on passe d'une valeur à une autre en la multipliant par $\sqrt{2}$. Je vais maintenant mettre vos mémoires à contribution ; souvenez-vous de vos premiers cours de géométrie : πD vous évoque forcément quelque chose, non ? Eh bien, ce n'est pas de cette formule (qui permet de déterminer le périmètre d'un cercle) que nous allons avoir besoin, mais de sa petite sœur $\pi D^2/4$ (surface du cercle).

f/4

f/4.5

f/5

f/5.6

Violette
Canon 20D
65 mm

Mise en évidence de la quantité de lumière transmise au capteur en fonction de l'ouverture.

Si l'on passe d'une valeur d'ouverture à une autre en la multipliant par $\sqrt{2}$, cela signifie que le diamètre du trou formé par les lamelles est divisé par $\sqrt{2}$… et donc qu'en est-il de la surface ? Mais bien sûr ! Celle-ci est divisée par 2 ($\sqrt{2}^2$, voir la formule). Ces chiffres n'étaient donc pas le fruit du hasard : en passant d'une valeur à une autre, on laisse passer deux fois moins de lumière dans l'objectif.

Deux fois moins de lumière en un seul coup de molette, c'est beaucoup, vous ne trouvez pas ? Si, bien sûr, et on a de

ce fait rajouté des valeurs intermédiaires : certains appareils proposent une sélection d'ouvertures par demi-valeur (une valeur vient s'intercaler entre deux valeurs normalisées, par exemple f/3.3 entre f/2.8 et f/4), et d'autres par tiers de valeur (deux valeurs viennent s'intercaler entre deux valeurs normalisées, par exemple f/3.2 et f/3.5 entre f/2.8 et f/4).
Un paragraphe un brin complexe, je vous l'accorde, mais si vous ne deviez en retenir qu'une seule chose, ce serait celle-ci : l'ouverture du diaphragme est d'autant plus grande que le chiffre indiqué conjointement au « f/ » est petit, et en passant d'une valeur normalisée à sa voisine de droite, on diminue par deux la quantité de lumière.

La diffraction est d'autant plus marquée que l'ouverture du diaphragme est petite.

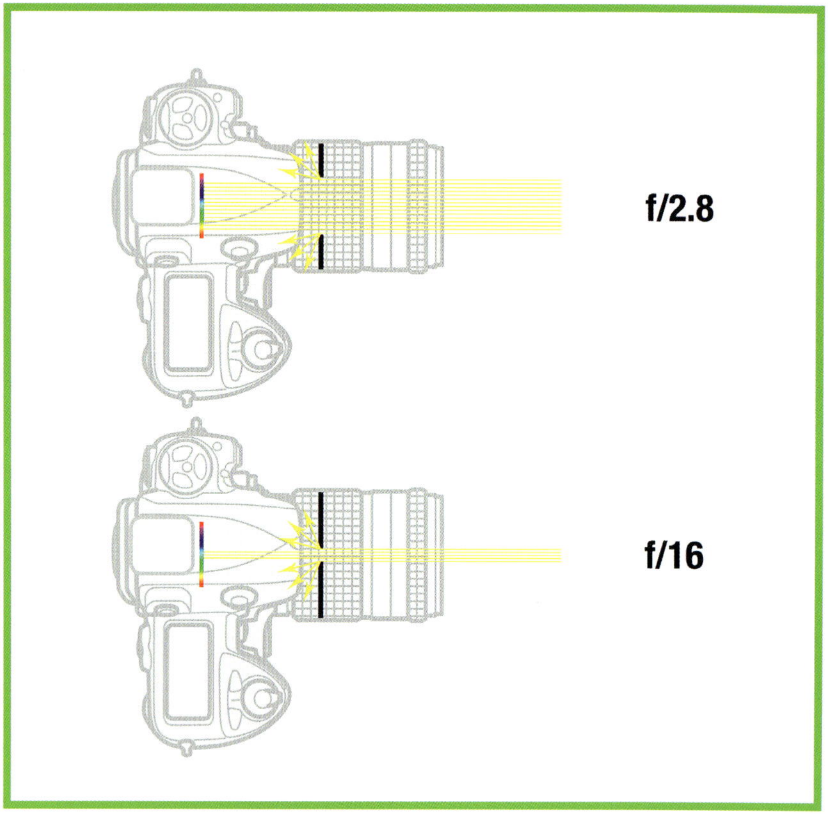

Les limites physiques

Comme tout appareil mécanique, le diaphragme est conçu pour un fonctionnement optimal entre certaines valeurs d'ouverture. Mettons de côté pour l'instant les grandes ouvertures, et intéressons-nous aux petites : passé une certaine valeur, on s'expose à un phénomène physique résultant de la déviation des rayons lumineux par le diaphragme, autrement appelé « diffraction ».
Ce qui se passe est relativement simple à comprendre : au contact du diaphragme les rayons incidents sont déviés de manière anarchique, quelle que soit l'ouverture sélectionnée. Sauf que… à pleine ouverture le nombre de rayons qui frottent la circonférence du diaphragme (et qui sont donc déviés) est faible comparé au nombre de rayons qui passent sans la toucher. En réduisant l'ouverture du diaphragme, on augmente le pourcentage rayons déviés/rayons non déviés et donc le phénomène s'accentue. Outre l'ouverture formée par le diaphragme, le second paramètre majeur qui influe sur la visibilité de la diffraction est la taille du capteur. Très bien, mais au final, comment se manifeste la diffraction ? Tout simplement par une perte de contraste et donc de détails sur votre photo.

S'il est difficile de faire une généralisation tant les paramètres à prendre en compte son nombreux, on peut tout de même affirmer que les risques de diffraction sont limités pour des ouvertures :
– inférieures à f/11 sur les compacts et bridges ;
– inférieures à f/16 sur les reflex à « petit » capteur ;
– inférieures à f/22 sur les reflex 24 × 36.
Voilà ce qu'il y avait à dire sur les petites ouvertures… vous vous doutez certainement que les grandes ouvertures ne sont pas en reste,

f/11

f/29

La perte de netteté est ici flagrante à f/29.

Saintpaulia
Canon 5D Mark II
100 mm
ISO 400

et réservent elles aussi leur lot de surprises, pour la plupart liées à des plans de convergence différents entre les rayons de lumière qui passent par les bords de la lentille et ceux passant par son centre. Une simple « réduction » du point de passage de ces rayons suffit généralement à faire disparaître ces « aberrations », réduction que vous pourrez aisément réaliser en fermant votre diaphragme d'un ou deux tiers de valeur en partant de la « pleine ouverture » (ouverture maximale que peut offrir votre objectif) : si votre objectif, d'ouverture maximale f/2.8, souffre de ces problèmes (ce n'est pas systématique), utilisez-le à partir de f/3.5.

D'un point de vue pratique

S'il est vrai que le diaphragme peut prendre plusieurs valeurs d'ouverture, quelle sera celle sélectionnée par défaut au moment où vous viserez votre sujet ? Intuitivement, on pourrait penser qu'il s'agira de la plus grande ouverture possible, la pleine ouverture donc, qui autorisera un maximum de lumière à passer et rendra de ce fait la visée la plus confortable possible. Tout à fait ! Et ce n'est qu'au moment du déclenchement que le diaphragme prend la valeur que vous lui avez indiquée.

Les modes Av (ou A) ou « priorité à l'ouverture » et M « manuel », présents sur les compacts et bridges récents et sur tous les reflex, vous permettront de choisir minutieusement votre ouverture par simple pression sur un bouton ou par rotation d'une molette. Au passage, en acquérant ce livre, vous avez tacitement accepté de ne plus jamais, au grand jamais, utiliser le mode de prise de vue « automatique ».

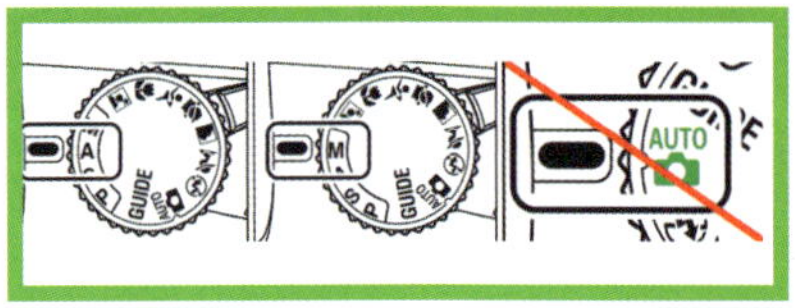

La profondeur de champ

Il s'agit de l'espace (toujours parallèle au plan du capteur, à une exception près, que nous évoquerons plus tard) dans lequel doit se trouver votre sujet pour que notre œil (encore lui) le considère comme net. « Pour que notre œil le considère comme net »… plutôt étrange comme formulation, non ? Un objet sur une photo est soit net soit flou… quel rapport y a-t-il avec notre système oculaire ?

Le cercle de confusion acceptable est atteint sur le schéma 2 et dépassé sur le schéma 3. Notre perception de la netteté s'altère donc progressivement du schéma 1 à 3.

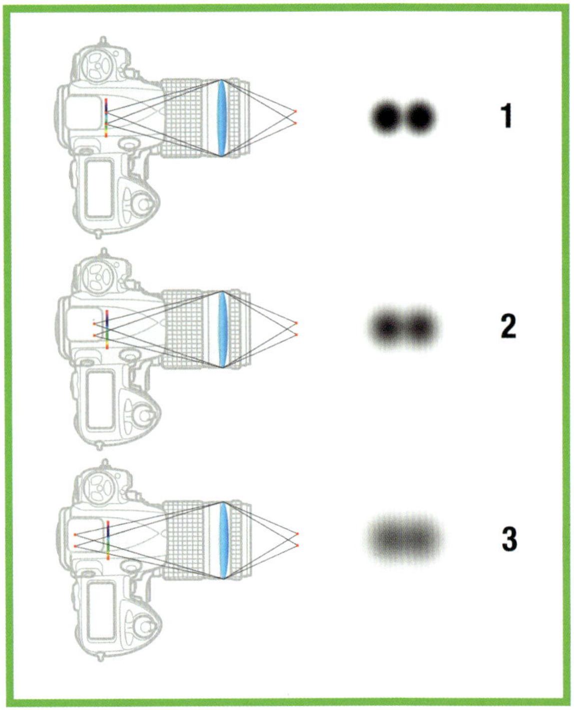

Cercle de confusion

Comme n'importe quel système optique, notre œil n'est pas parfait, et, passé une certaine distance d'observation, il va considérer toute tache comme un point. Prenons un exemple. Dessinez un carré sur une feuille, puis éloignez la feuille progressivement… au-delà d'une certaine distance (généralement 10 m pour un carré de 3 mm de côté) : vous ne verrez plus un carré, mais un point. Et il se passe la même chose avec votre objectif : l'image projetée sur le capteur d'un point n'est jamais un point, mais une tache. Le cercle de confusion correspond au diamètre de la plus grosse de ces taches que notre œil voit comme un point. La profondeur de champ se définit donc comme la région où le cercle de confusion est plus faible que la résolution angulaire de l'œil humain.

Je vous l'accorde, le cercle de confusion est une notion assez floue. Ah ! Ah !Rassurez-vous, il n'est pas indispensable de la maîtriser ; je n'emploierai d'ailleurs désormais que les termes « flou » et « net », bien plus éloquents. Rappelez-vous simplement que la netteté est comme la cuillère, elle n'existe pas.

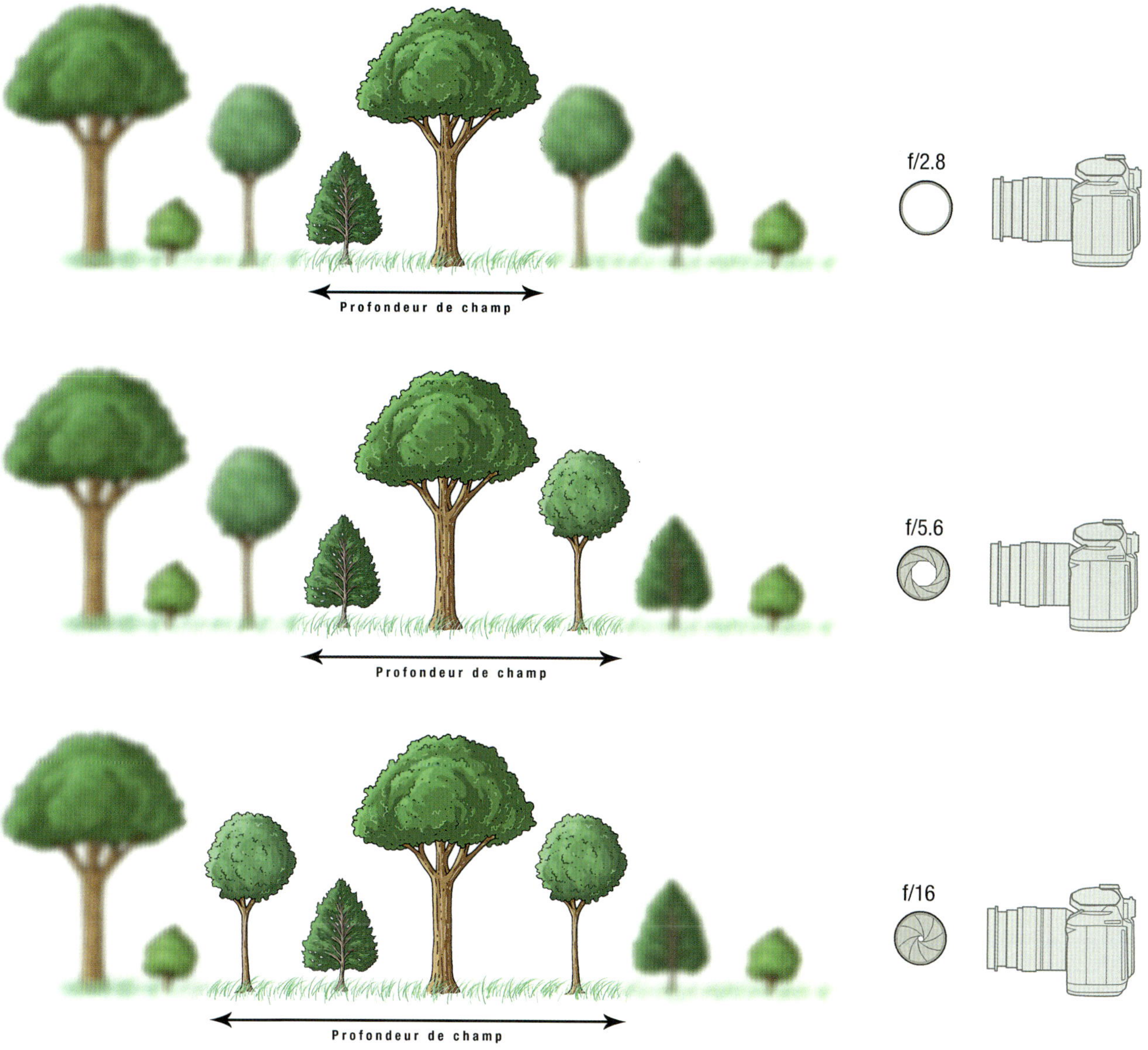

Incidence de l'ouverture

L'impact que va avoir l'ouverture du diaphragme sur la profondeur de champ est clair, net et précis : plus grande sera l'ouverture (chiffre associé au « f/ » petit), plus courte sera la profondeur de champ.
Inversement, pour une ouverture petite (chiffre associé au « f/ » grand), la profondeur de champ s'étendra considérablement.

f/4

f/5.6

f/8

Asteracée sp.
Canon 5D Mark II
65 mm

Une prise de vue disposant d'une faible profondeur de champ se voudra plus artistique, une autre possédant une profondeur de champ étendue sera plus scientifique car elle facilitera l'identification de la plante (notez que dans ce dernier cas, plusieurs photos sont alors généralement nécessaires pour garantir la détermination de l'espèce : une vue d'ensemble de la plante et des clichés des feuilles et de l'inflorescence).

Dilemme

Voyez-vous venir le cas de conscience que cela va engendrer ?
Si l'on veut une plus grande profondeur de champ, on ferme le diaphragme… mais souvenez-vous : en fermant le diaphragme, la quantité de lumière incidente diminue !
Autre petit dilemme : supposons maintenant que le manque de lumière ne soit pas un problème ; on serait tenté alors de fermer son diaphragme au maximum pour avoir la profondeur de champ, et donc la zone de netteté, la plus étendue possible… sauf que (voir plus haut), dame diffraction ne l'entend pas de cette oreille. Enfer et damnation ! Malheureusement, en photographie, tout est affaire de compromis, il va donc falloir s'en accommoder.

1 m

10 cm

Gesse des prés
Canon 5D Mark II
100 mm
f/2.8

Autres facteurs

Au même titre qu'on ne révèle pas la fin d'un film au risque de mettre à bas l'intérêt du spectateur, je ne vais pas risquer de trop vous en dire dans l'immédiat, mais sachez que la profondeur de champ est dépendante d'autres facteurs que l'ouverture, tels que :

– la distance au sujet : la profondeur de champ est d'autant plus courte que cette distance est courte (à ouverture, focale et capteur fixes) ;

APS-C

– la taille du capteur : la profondeur de champ est d'autant plus courte que celui-ci est grand (à ouverture, focale et cadrage fixes) ;

24x36 mm

Bleuet
300 mm
f/4

Vesce à grappes
Canon 5D Mark II
f/2.8

100 mm

140 mm

– la focale utilisée : la profondeur de champ est d'autant plus courte que la focale est longue (à ouverture, capteur et distance au sujet fixes).

En pratique

Même si la visée s'effectue toujours à diaphragme pleinement déployé, il est possible, sur certains boîtiers reflex, de forcer le verrouillage de celui-ci à la valeur désirée à l'aide d'un bouton poussoir, dit « testeur de profondeur de champ ». Un moyen simple et efficace de visualiser la perte en lumière occasionnée et d'avoir un aperçu de la profondeur de champ qu'aura la photo finale.

D'autre part, et même si ce n'est pas rigoureusement exact, on a coutume de dire que la profondeur de champ s'étend de part et d'autre du plan de netteté selon la règle suivante : 1/3 devant et 2/3 derrière.

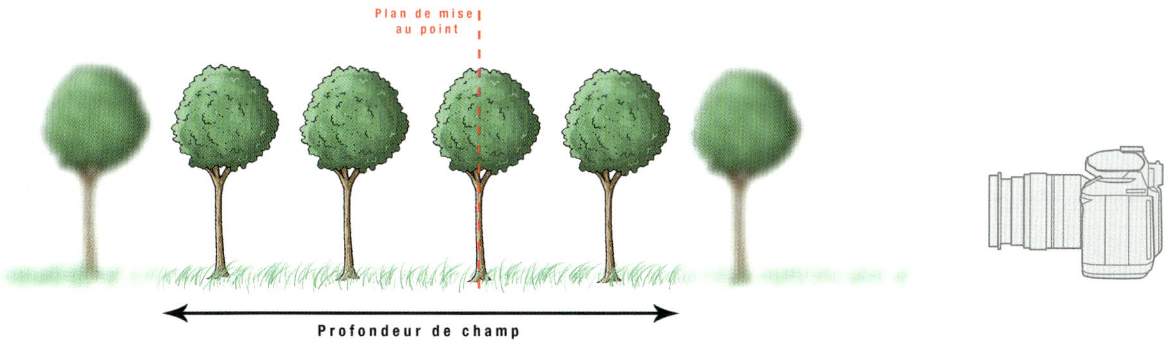

VITESSE D'OBTURATION ET MOUVEMENT

Continuons notre exploration des éléments mécaniques entrant en jeu dans la réalisation d'un cliché en suivant le trajet parcouru par la lumière. Très affaiblie par sa traversée du diaphragme, celle-ci va se heurter à un nouvel adversaire, le miroir (valable uniquement pour les appareils à visée reflex), qui va se révéler être un pleutre véritable et fuir immédiatement le combat.

Vous savez certainement qu'en plongeant votre regard dans le réticule de visée d'un reflex, vous avez un accès direct à l'objectif, justement grâce à un système de miroirs. Pour éviter d'apparaître sur la photo finale, au moment du déclenchement, le miroir situé dans le boîtier va se soulever brusquement, et ainsi laisser passer la lumière, qui va alors se lancer dans une rixe endiablée avec le garde du corps en chef de maître Capteur, le bien nommé « obturateur ».

L'obturateur

L'obturateur, contrairement au diaphragme, est un mécanisme interne au boîtier, et non à l'objectif. Il se compose de deux rideaux métalliques, qui selon les modèles s'ouvrent et se ferment verticalement ou horizontalement, le principe de fonctionnement restant le même quelle que soit leur orientation.
Ce principe, le voici : le premier rideau glisse vers le bas (pour un obturateur vertical) faisant apparaître la surface sensible (le capteur) au grand jour, suivi de près par le second rideau, qui glisse à son tour vers le bas, à la même vitesse que son prédécesseur, pour masquer le capteur et le priver de lumière. Une fois la prise de vue terminée, les deux rideaux remontent pour ainsi retrouver chacun leur position initiale, prêts pour un nouveau déclenchement.

Mais… pourquoi utiliser deux rideaux et pas un seul, qui lui aussi s'ouvrirait et se fermerait ? Car dans cette configuration, la partie haute du capteur serait plus longtemps exposée que la partie basse, et la répartition de la lumière serait du coup inégale.

1/400 s

1/800 s

Hesperis matronalis
Julienne des dames
Canon 20D
300 mm

Les valeurs de vitesse

Le laps de temps qui sépare l'ouverture du premier rideau de la fermeture du second est appelé « vitesse d'obturation » ou « temps de pose », et c'est justement un paramètre ajustable directement sur votre appareil. Tout est ici bien plus simple que pour le diaphragme, puisque cette vitesse est exprimée en secondes ou en fractions de secondes. À vous de décider si vous souhaitez exposer votre capteur longtemps (par exemple 1 s), voire très longtemps (certains reflex disposent d'un mode « aussi longtemps que je veux », dit mode « Bulb » – « ampoule » dans la langue de Molière), ou au contraire très brièvement (1/200 s). Bien sûr, plus la durée d'exposition du capteur est brève, moins la lumière aura le temps d'illuminer le capteur. Ainsi, une photo faite à 1/50 s sera deux fois plus lumineuse qu'une photo réalisée à 1/100 s (si les autres paramètres de prise de vue sont fixes).

Les limites physiques

Comme je le précisais quelques lignes plus haut, la vitesse de déplacement des rideaux est toujours la même, et dépend de votre appareil. D'une manière classique, sur la plupart des reflex, celle-ci avoisine les 1/250 s. Il n'est donc pas possible d'utiliser des vitesses d'obturation plus rapides… sans recourir à un habile subterfuge. Un subterfuge, qui au passage est absolument brillant : plutôt que de faire partir le second rideau au moment où le premier aura totalement découvert le capteur, l'idée est de les lancer quasi simultanément, avec une légère avance pour le premier rideau. Le capteur est alors balayé par une fente se déplaçant à la vitesse limite de 1/250 s. Ce qui ne nous dit toujours pas comment obtenir des vitesses plus rapides que la vitesse butoir. Et pourtant si. Imaginons que la fente en question recouvre le tiers du capteur :

– au départ du second rideau, le premier a découvert 1/3 du capteur ;

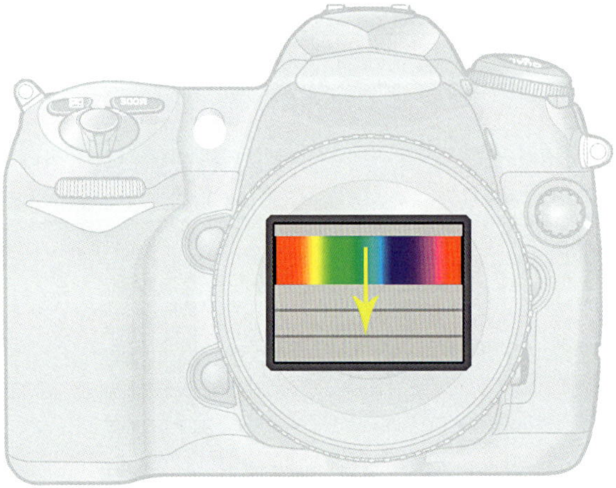

– quand le second rideau arrive au 1/3 du capteur, le premier, qui a toujours 1/3 d'avance, est positionné aux 2/3. Le premier et le dernier tiers du capteur sont alors complètement masqués, respectivement par le second et le premier rideau ;

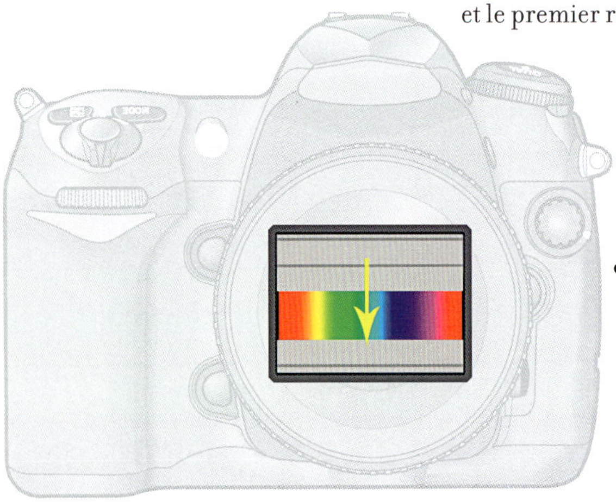

– quand le premier rideau est complètement ouvert, le second rideau se trouve aux 2/3 du capteur et en masque de ce fait les 2/3.

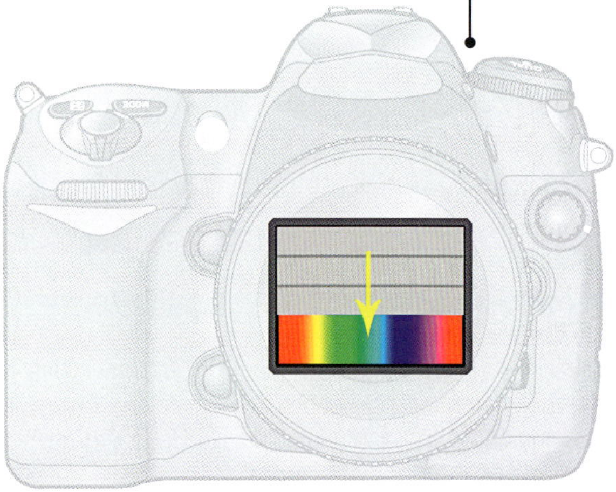

1/30 s

Astéracée sp.
Canon 5D Mark II
65 mm

Chacune des parties du capteur se retrouve donc exposée trois fois moins longtemps que si les rideaux avaient eu une course normale ; tout se passe donc comme si la vitesse d'obturation était de 1/250 × 3 = 1/750 s. Et ainsi de suite si la fente fait 1/4, 1/8, 1/16, etc. de la surface du capteur. Prodigieux !

D'un point de vue pratique

D'un point de vue pratique, deux modes de prise de vue vous permettront de sélectionner votre vitesse d'obturation : le mode Tv (ou S), ou « priorité à la vitesse », et M « manuel », présents sur les compacts et bridges récents et sur quasiment tous les reflex.

Terminologie

Dans la suite de cet ouvrage, j'emploierai l'expression « augmenter la vitesse d'obturation » pour désigner le passage d'une vitesse à une vitesse plus lente (inversement pour « diminuer la vitesse d'obturation »), ce qui ne semble pas très logique présenté de la sorte. Pourtant, en passant de 1/1000 s à 1/50 s, on augmente bien la vitesse (0,001 < 0,02). Cette assertion ne m'est absolument pas intuitive et je dois toujours y réfléchir à deux fois avant d'associer les mots « augmenter » ou « diminuer » à « vitesse d'obturation ». Si vous êtes comme moi, voici un moyen mnémotechnique de ne pas se tromper : augmentation de vitesse = augmentation de la quantité de lumière qui arrive au capteur.

Le mouvement

Tout comme le diaphragme, l'obturateur permet donc de quantifier la lumière qui parvient au capteur. Et comme pour le diaphragme, vous vous doutez certainement que ce n'est pas tout. En effet : en fixant le temps de pose à des valeurs très lentes, ou au contraire très rapides, vous allez pouvoir créer des effets spectaculaires sur vos photos. Attention cependant : un phénomène, lié à l'utilisation de vitesses lentes, risque de vous donner du fil à retordre… ce sera l'objet du troisième point.

Figer le mouvement

Première utilisation de la vitesse d'obturation : créer un effet de suspension du temps, et donner l'impression que l'univers s'est mis à tourner au ralenti le temps de réaliser votre cliché. Pour ainsi figer le mouvement, il vous faudra utiliser des vitesses rapides, plus ou moins selon le sujet traité. Prenons un exemple totalement hors sujet : pour figer le battement des ailes du colibri (ce petit oiseau spécialisé dans le vol stationnaire), vous devrez utiliser des vitesses de l'ordre du 1/1000 s. Maintenant… figer le mouvement d'une fleur, qui par définition est un être vivant inerte, a-t-il vraiment un intérêt ? Eh bien oui ! Car s'il y a effectivement peu de chance que votre sujet prenne la poudre d'escampette durant votre séance photo, vous serez confronté un jour ou l'autre à un perturbateur de choix, dont la simple évocation de son nom entraîne chez certains l'apparition de spasmes compulsifs : le vent. Même la présence d'une légère brise faisant très faiblement vaciller votre sujet de droite à gauche se ressentira sur la photo finale si vous n'y prenez pas garde. En vous plaçant dans un plan parallèle à l'axe du vent et en adoptant une vitesse suffisamment rapide, vous devriez parvenir à vos fins.

1 s

Astéracée sp.
Canon 5D Mark II
65 mm

Le filé

Mais n'est-il pas possible, à l'inverse, de volontairement utiliser une vitesse faible pour mettre en évidence ce mouvement de notre sujet ? Bien sûr ! Et voici même le résultat qu'on obtiendra, dans les mêmes conditions que le cliché précédent, mais en utilisant un temps de pose plus long :

Que se passe-t-il au niveau du capteur pour que notre photo présente cet effet ? C'est assez simple : le capteur enregistre, et donc affiche, toutes les positions occupées par la fleur durant le laps de temps pendant lequel il aura été « illuminé ». Cet intervalle de temps (correspondant très exactement à la vitesse d'obturation sélectionnée) étant plus lent que la vitesse de déplacement de la fleur, celle-ci aura occupé plusieurs positions différentes, entre l'ouverture et la fermeture des rideaux. Chacune de ces positions vient donc s'inscrire en surimpression sur le capteur, ce qui donne au final cet effet « filé ». Sans être indispensable ici, un léger coup de flash permettra de figer l'une de ces positions.
Outre la mise en évidence du mouvement, vous pouvez utiliser le filé lors de cadrages plus larges (champ de fleurs par exemple) pour offrir à votre cliché un rendu quasi impressionniste.

Astéracée sp.
Canon 5D Mark II
300 mm
f/4
1/50 s
ISO 100

Le flou de bougé

Bien qu'identique dans son principe au filé, le phénomène de « flou de bougé » est souvent considéré, à juste titre, comme indésirable. Supposez que pendant la durée d'ouverture de l'obturateur ce ne soit pas le sujet qui est en mouvement… mais vous-même ! Si le temps de pose sélectionné est lent par rapport aux mouvements parasites (tremblements, déséquilibre, etc.) du photographe, toutes ces microperturbations vont générer de la surimpression sur le capteur et donc afficher un « mini-filé », quand vous vouliez au contraire figer le mouvement. Plutôt fâcheux, vous en conviendrez !

Une solution (nous en verrons d'autres par la suite) consistera à ne travailler qu'à des vitesses plus rapides que votre vitesse de « flou de bougé ». Je dis « votre », car celle-ci est variable d'un individu à l'autre : la force physique et l'équilibre, qui sont propres à chacun d'entre nous, sont par exemple deux critères entrant en jeu. À titre informatif, la mienne se situe aux alentours de 1/100 s. Pour des vitesses plus lentes (1/50 s, 1/25 s, etc.), je sais que je m'expose au phénomène. D'une manière générale, on considère que l'on risque un flou de bougé si la vitesse utilisée est plus lente que l'inverse de la focale : 1/300 s pour un 300 mm, 1/100 s pour un 100 mm, etc.

Dilemme

Vous avez, j'en suis sûr, compris à quel dilemme je fais ici référence : pour éviter le flou de bougé, on va être tenté de n'utiliser que des vitesses rapides, sauf qu'évidemment, plus le temps de pose sera bref, moins la lumière aura le temps de venir éclairer le capteur. À l'inverse, en utilisant des vitesses lentes, vous assurez un éclairage maximal de votre capteur, mais vous vous exposez par la même occasion au flou de bougé.

LE CAPTEUR

Que de dilemmes rencontrés, n'est-ce pas ? Rassurez-vous, des solutions de contournement existent, et seront développées par la suite. Pour l'heure, terminons notre fabuleux voyage dans la peau de la lumière par l'élément clé de votre appareil, que dis-je, son centre névralgique : le capteur.

Pour rappel, voici ce qui se passe au moment précis où vous actionnez le déclencheur : le diaphragme prend immédiatement sa valeur d'ouverture finale, le miroir se relève, l'obturateur s'ouvre et se ferme, et la lumière profite de ce court laps de temps pour imprégner le capteur de son doux éclat. Reste à savoir ce que celui-ci fait de toute cette lumière qui s'offre à lui.

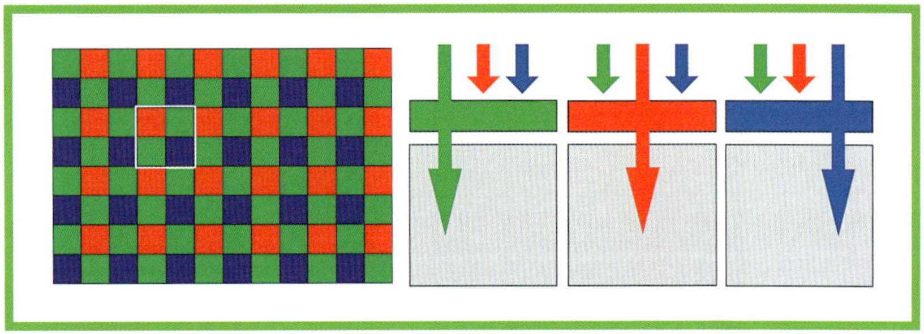

CCD

Les types de capteurs

Quel que soit son type, la fonction du capteur est toujours la même : transformer un signal lumineux en signal électrique, qui servira ensuite à générer une image dans un format susceptible d'être reconnu par un système informatique. Trois grandes familles de capteurs se partagent actuellement le marché de la photographie : le CCD, le CMOS et le récent Foveon, qui devrait surpasser les deux autres dans un futur pas trop lointain (j'aime être rigoureux avec les dates).

Attention : ce paragraphe, assez technique, n'est pas à mon sens indispensable à la compréhension générale du sujet traité, mais peut toutefois vous permettre de mieux appréhender certaines notions abordées plus loin. À vos risques et périls donc !

CCD

Les capteurs CCD (Charged Coupled Device ou système à couplage de charge) sont un assemblage, à la manière d'un damier, de milliers, voire de millions d'éléments sensibles à la lumière : les photosites. Chacun d'entre eux accumule une charge électrique, directement proportionnelle à la lumière qu'il reçoit. Pour faire simple : plus la charge reçue est élevée, plus le point (le pixel) sur l'image résultante sera clair. Utilisés en l'état, les photosites ne permettraient donc de former que des images contenant des points de même nuance, mais d'intensités lumineuses différentes, autrement dit du noir et blanc. Si l'on veut que l'information « couleur » vienne s'ajouter à cette information « luminance », il va falloir ruser.

L'astuce en question va consister à spécialiser chaque photosite pour une couleur primaire (rouge, vert et bleu en optique) : si un photosite vert est éclairé par une lumière contenant du vert, il va se charger ; s'il est éclairé par une lumière bleue, il ne se chargera pas…

Les photosites sont regroupés par carrés de quatre (ou quadruplets) sur le damier, et chaque quadruplet, contenant des photosites de couleurs rouge, verte et bleue, va permettre de reconstituer un pixel sur l'image finale.

Un photosite rouge + un photosite bleu + un photosite vert… Cela nous amène à trois photosites ! Quelle est la couleur du dernier ? Pour « coller » aux particularités de l'œil humain, plus sensible au vert qu'au bleu ou au rouge, chaque quadruplet comporte non pas un, mais deux photosites verts. Ce damier de filtres de couleurs est appelé « matrice » ou « filtre de Bayer ».

CMOS

Le filtre de Bayer n'étant absolument pas spécifique aux capteurs CCD, puisque les capteurs CMOS utilisent également ce système de filtrage de la lumière, quelles sont les différences entre un capteur CCD et un capteur CMOS ? Les deux types de capteurs diffèrent simplement par la présence d'un élément :
– sur les capteurs CCD, un collecteur a pour rôle de récupérer l'ensemble des charges accumulées au sein de chaque photosite, avant de les transférer vers le convertisseur analogique/numérique ;
– sur les capteurs CMOS, les photosites transfèrent eux-mêmes leur charge vers le convertisseur.
À l'origine, les fabricants privilégiaient les capteurs CCD, dont les résultats étaient bien plus probants que ceux offerts par les capteurs CMOS. Mais voilà, le CMOS étant bien moins cher à produire que le CCD, les chercheurs ont commencé à cogiter. Ils se sont finalement rendu compte qu'il était préférable, en terme de qualité d'image, d'associer un excellent convertisseur et un bon capteur CMOS plutôt qu'un convertisseur moyen et un excellent capteur CCD.
Actuellement, les CCD sont principalement utilisés pour les appareils compacts et bridges, et les CMOS pour les reflex et les hybrides.

Foveon

À la différence des capteurs CMOS et CCD, qui reposent sur l'utilisation d'un filtre de Bayer, et donc à l'assignation d'une unique couleur par photosite, la technologie Foveon attribue trois filtres (dans l'ordre, de la couche la plus superficielle à la plus inférieure : bleu, vert et rouge) à chaque photosite, qui récupère ainsi l'ensemble de la composante RVB (rouge, vert, bleu), là où il fallait un quadruplet de photosites, en technologie CCD ou CMOS, pour réaliser la même opération. Moins de calculs sont nécessaires, les coûts de fabrication sont donc moindres, et la qualité meilleure… extraordinaire !

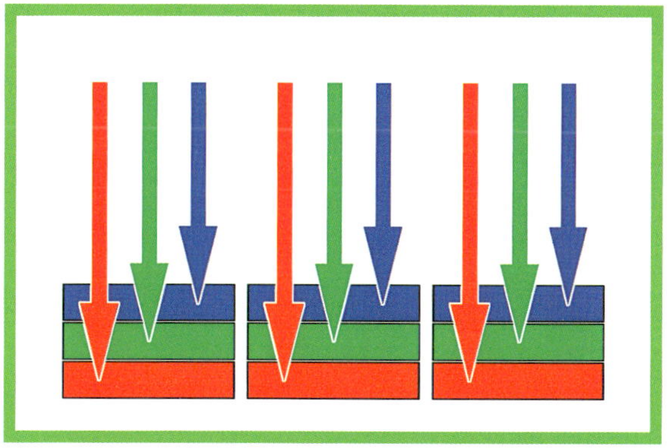

Traitement des données

Pour en finir avec toutes ces informations qu'il n'est pas indispensable de retenir, et puisque vous brûlez d'impatience de savoir ce qu'il advient des charges accumulées au sein de chaque photosite, voici le dénouement de l'histoire. Comme je le précisais dans le paragraphe précédent, chaque photosite (via un intermédiaire ou non) va transmettre sa couleur, sa position dans l'image et son intensité lumineuse à un élément nommé « convertisseur analogie/numérique ». Celui-ci va alors rassembler l'ensemble des données ainsi reçues et constituer une image sous forme binaire (des 0 et des 1… la langue maternelle des ordinateurs… la boucle est bouclée), puis la stocker dans la mémoire de l'appareil.

Taille et résolution

Vous pouvez désormais vous détendre, le plus dur est derrière vous ! Ce qui suit est nettement plus concret, et normalement bien plus parlant que ce que nous venons d'aborder. En revanche, pas d'impasse possible cette fois, il va falloir bien comprendre les notions décrites plus bas si vous voulez profiter au mieux de vos clichés.

Taille

Tous les appareils disponibles sur le marché ne possèdent pas un capteur de même taille, et par « taille » j'entends bien « longueur × largeur » et pas ce qui fera l'objet du paragraphe suivant. Tout était bien plus simple au temps béni (ou pas, d'ailleurs) de l'argentique, puisque la pellicule avait une surface sensible (appelée « négatif » au temps jadis) de 24 mm × 36 mm. Aujourd'hui, avec la démocratisation du numérique, des capteurs aux tailles alambiquées crèvent l'écran : le format 24 mm × 36 mm (plein format) existe toujours sur les reflex haut de gamme, mais il faut également désormais compter sur les formats 19 mm × 28.7 mm (APS-H), 15.8 mm × 23.6 mm (APS-C… qui peut également prendre la taille de 14.8 mm × 22.2 mm selon les marques, dans un souci d'ambiguïté maximale, cela va de soi), 13 mm × 17.3 mm (4:3), 5.7 mm × 7.6 mm (1/1.7"), 4.8 mm × 6.4 mm (1/2"), 4.55 mm × 6.16 mm (1/2.3") et 4.29 mm × 5.76 mm (1/2.5"), etc. pour les plus répandus.

Résolution

Erreur ô combien commune dans les conversations mondaines : à la question « Pourrais-tu me donner la taille de ton capteur ? », la réponse est bien souvent « 10 mégapixels ». Il s'agit bien là d'une erreur de terminologie, car cette valeur fièrement annoncée est en fait la résolution et non la taille dudit capteur, et elle correspond au nombre de pixels que compte sa surface sensible. Pour la déterminer, rien de plus simple (Dieu merci, le capteur est un quadrilatère rectangle) : on multiplie le nombre de pixels présents sur une colonne par ceux présents sur une ligne. Pour un capteur possédant 4 000 pixels dans sa hauteur et 3 000 dans sa largeur, la résolution est de 4 000 × 3 000 = 12 000 000, soit 12 mégapixels. Cette résolution est également la résolution maximale qu'aura le fichier numérique de sortie, en l'occurrence la photo. Pourquoi « maximale » ? Tout simplement parce que les appareils actuels vous proposent différents formats de sortie pour les fichiers image générés : nous verrons par la suite l'intérêt d'une telle option.

EXPOSITION

Gros chapitre à ingérer avant que vous puissiez voler de vos propres ailes, car il va faire appel à toutes les notions évoquées jusque-là pour mettre en évidence l'ensemble des mécanismes qui entrent en jeu pour déterminer la bonne dose de lumière à apporter à votre photo.

Car si vous savez que cette dose peut être quantifiée via l'ouverture du diaphragme ou la vitesse d'obturation, vous ne savez pas encore comment, ni pourquoi. Enfin si, vous savez pourquoi. Mais pas comment. Autant de questions qui trouveront réponses quand nous aurons ensemble défini le terme « exposition », ou comment apporter l'exacte quantité de lumière pour que la photo ne soit ni trop claire (on parle alors de surexposition), ni trop foncée (on parle alors de sous-exposition). Les lignes suivantes vont nécessiter un minimum d'abstraction : je vous encourage donc à faire un footing ou à regarder un épisode des *Télétubbies* (série télévisée pour la jeunesse) pour vous libérer l'esprit avant de vous plonger dans leur lecture.

Analogie

Imaginez une baignoire. Je vous avais prévenu, ce chapitre réclame une vivacité intellectuelle qui risque de pousser votre cerveau dans ses derniers retranchements. Cette baignoire sera votre photo, et l'eau qu'on y verse, la lumière apportée. On dira que la photo a reçu l'exacte quantité de lumière dont elle a besoin quand

Iris germanica
Canon 5D Mark II
65 mm
100 ISO

f/4 - 1/200 s

f/5.6 - 1/100 s

f/8 - 1/50 s

100 ISO

200 ISO

400 ISO

Canon 5D Mark II
100 mm
f/2.8
1/125 s

la baignoire est pleine à ras bord. Une baignoire qui déborde symbolisera donc une photo surexposée, et une baignoire non remplie une photo sous-exposée. De quels moyens disposez-vous pour remplir votre baignoire ?

– d'abord, ouvrir plus ou moins le robinet d'arrivée d'eau, qui symbolise, vous l'aurez compris, le diaphragme ;
– ensuite, allonger la durée d'écoulement de l'eau, durée qui symbolise ici la vitesse d'obturation.

Supposons maintenant que l'on dispose de deux baignoires ; laquelle contiendra le plus grand volume d'eau si :

– sur la première, on ouvre à fond le robinet et on laisse s'écouler un certain temps ;
– sur la seconde, on ouvre le robinet de moitié, mais on laisse s'écouler deux fois plus de temps.

Réponse : aucune des deux, chacune contiendra le même volume. Vous avez tout compris à l'exposition, félicitation !

Je vous propose tout de même d'approfondir un peu. En revenant au domaine qui nous intéresse et en transposant l'exemple de la baignoire dans la réalité, cela voudrait dire que la même quantité de lumière sera délivrée au capteur si :

– on ouvre le diaphragme en grand et on sélectionne une certaine vitesse d'obturation ;
– on ferme le diaphragme de moitié et on sélectionne une vitesse deux fois plus longue.

La preuve en images page 35.

En fermant le diaphragme de f/4 à f/5.6, on diminue par deux la surface du trou créé par les lamelles (souvenez-vous du chapitre concerné). De même, le capteur est exposé deux fois moins longtemps pour un temps de pose de 1/200 s que pour un temps de pose de 1/100 s. Idem en passant de f/5.6 à f/8 et de 1/100 s à 1/50 s.

La photographie serait-elle finalement logique ? En partie, et c'est rassurant, oui.

Notez cependant que ces trois couples diaphragme/vitesse, exposant le capteur de manière identique, ne s'utiliseront néanmoins pas dans les mêmes conditions : le premier couple permettra de figer un mouvement ou d'isoler son sujet grâce à une faible profondeur de champ, le dernier permettra de créer un filé ou d'étendre la profondeur de champ.

Et si je veux figer le mouvement et avoir une zone de netteté plus longue que celle offerte par f/4 ?

C'est tout à fait possible, mais

il va falloir introduire la notion de « pression » dans notre métaphore de la baignoire : pour une ouverture de robinet et une durée d'écoulement données, plus la pression dans la tuyauterie sera forte, plus la quantité d'eau déversée sera grande.
Dans le langage de la photo, la pression se nomme « sensibilité ».

Sensibilité

Escroquerie

Cette notion, née de l'argentique, permettait de connaître la sensibilité d'un film à la lumière. La norme utilisée à l'époque, ASA (American Standards Association) ou ISO, associait une valeur à chaque film. Ce nombre était d'autant plus grand que le film était sensible à la lumière et donc que la quantité de lumière nécessaire à la bonne exposition était faible. Eh bien, vous le croirez ou non, mais on tente de nous faire gober que la sensibilité, au sens où on l'entend de nos jours, est la version contemporaine de cette bonne vieille sensibilité ASA. C'est faux !
Le capteur ne devient pas subitement plus sensible quand on actionne un bouton ! En revanche, soyons précis sur la terminologie, il existe effectivement un moyen de simuler une augmentation de la sensibilité, qui consiste simplement à amplifier le signal en sortie de capteur.

Sensibilité et exposition

Comme je le disais plus haut, la sensibilité est le troisième paramètre qui va vous permettre de régler votre exposition. On apporte en effet deux fois plus de lumière à une photo en doublant sa sensibilité. Et donc, l'exposition sera la même en doublant la vitesse d'obturation et en divisant par deux la sensibilité, ou en fermant son diaphragme d'une ouverture et en multipliant les ISO par deux… les combinaisons sont multiples. Pour répondre au cas de conscience évoqué ci-dessus, voici des photos possédant des expositions similaires.

Vous vouliez figer le mouvement et avoir une zone de netteté allongée ? Votre vœu est exaucé avec la photo 1.

f/8 - 1/200 s - 400 ISO

f/8 - 1/100 s - 200 ISO

Canon 20D
65 mm

f/8 - 1/50 s - 100 ISO

100 ISO

3 200 ISO

Solidage
Canon 20D
90mm
f/2.8

Outre l'apparition de grain, la montée en ISO s'accompagne ici, et comme souvent, d'une désaturation des couleurs (le phénomène a été légèrement amplifié en post-traitement).

Limites

« *All magic comes with a price* », paraît-il… et comme pour le diaphragme et l'obturation, vous n'y couperez pas. On peut en effet légitimement se demander pourquoi ne pas systématiquement utiliser une valeur élevée de sensibilité pour pouvoir ajuster à sa guise l'ouverture du diaphragme et la vitesse d'obturation… tout simplement parce que tout système d'amplification, quel qu'il soit, engendre des dégradations. Dans le cas qui nous intéresse, ces dégradations se manifestent sous la forme de bruit numérique, un parasitage qui s'ajoute aléatoirement à certains détails de la scène, notamment dans les parties sombres.

Même si ce paramètre inédit offre de nouveaux horizons, il va donc falloir, une fois de plus, trouver le juste dosage entre ouverture, vitesse et ISO.

Dans la pratique

Vous avez désormais en votre possession toutes les clés de la réussite… cependant, un doute, voire une appréhension devrait actuellement parcourir votre esprit. Laissez-moi formuler cette crainte pour vous : « Comment diable déterminer l'ouverture, la vitesse et les ISO nécessaires à une bonne exposition ? Dois-je à chaque cliché essayer toutes les combinaisons possibles ? » Malheureusement oui, et chaque photo devrait nécessiter une à deux heures pour être réalisée.
Je plaisante, bien sûr ! Car si j'ai bien insisté sur le fait qu'il fallait laisser le moins de latitude possible à l'appareil, certaines de ses fonctionnalités vous seront d'une aide précieuse, et vous faciliteront grandement la vie.

TTL

En des temps ancestraux « que les moins de vingt ans ne peuvent pas connaître », tout bon photographe se devait de disposer d'un petit appareil nommé « posemètre » qui lui permettait de déterminer l'exposition adéquate pour réaliser son cliché, en fonction de divers paramètres renseignés par son heureux possesseur, et qui ne sont autres que l'ouverture du diaphragme, la vitesse d'obturation, la sensibilité du film et également, bien sûr, l'éclairage naturel de la scène. Dans la pratique, le photographe plaçait son posemètre à côté du sujet afin de se mettre dans des conditions de lumière similaires, et entrait manuellement la sensibilité de son film. L'appareil générait ensuite un ensemble de couples « vitesse d'obturation/ouverture de diaphragme » susceptibles d'exposer correctement le film : le photographe n'avait plus qu'à faire son choix. Brillant ! Brillant… mais pas très pratique, vous en conviendrez.
La technologie et la miniaturisation des composants aidant, le posemètre est désormais intégré à votre appareil, et contrôle directement l'exposition à travers l'objectif (« *Through the lens* » en anglais, autrement connu sous l'acronyme TTL).

Ce système TTL fonctionne généralement sur trois modes :
– la mesure dite matricielle (puisque je vous dis que la cuillère n'existe pas !), ou multizone, ou évaluative (chaque marque a sa dénomination), dans laquelle l'exposition est calculée à partir d'un ensemble de points situés sur la quasi-totalité de l'image.
La position des points utilisés pour

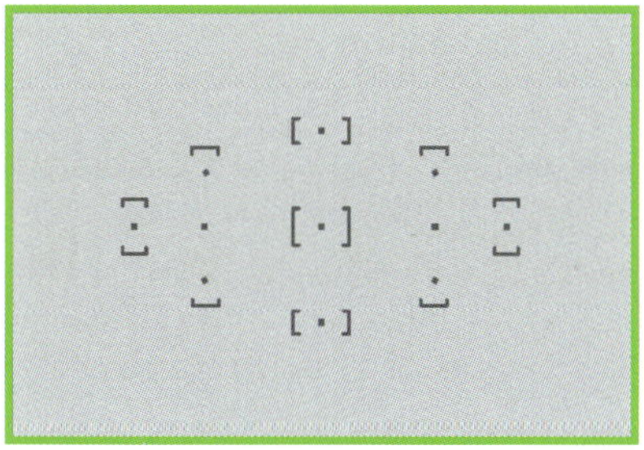

ce calcul varie d'un constructeur à l'autre, ce qui justifie les différentes appellations. Cette mesure est celle à utiliser par défaut, sauf dans le cas particulier d'une plante très claire dans un environnement très foncé (et inversement), ce qui risquerait de mettre à mal le calcul de l'exposition (voir plus loin) ;

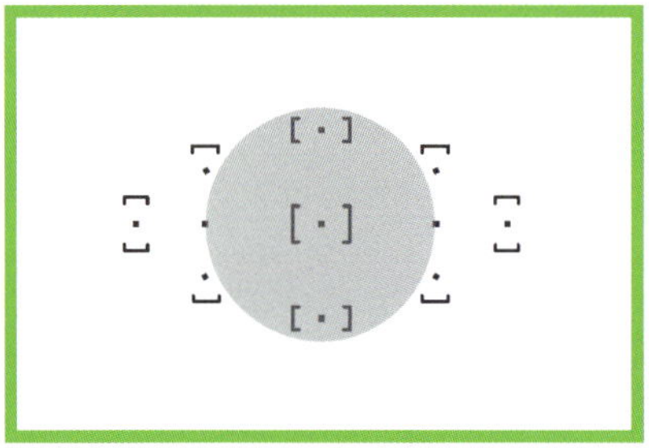

– la mesure pondérée centrale, qui fonctionne sur le même principe que la mesure matricielle, mais attribue plus d'importance à la zone centrale de la photo. Idéale donc si votre sujet est au centre, mais, vous le savez, centrer son sujet, c'est mal… donc peu utile à mon sens, à quelques rares exceptions près (portrait) ;

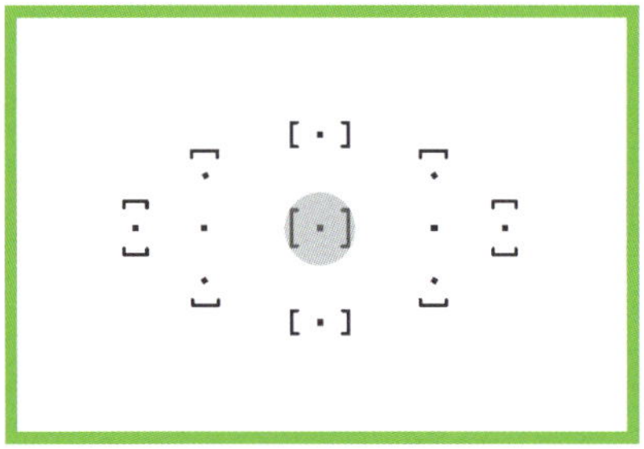

– la mesure spot (« point » en anglais), qui, comme son nom l'indique, se veut millimétrique : l'exposition est alors calculée sur un cercle de petite taille, généralement centré sur le collimateur actif. Cette mesure va nous être utile dans les situations précises où la mesure matricielle peine à fournir des résultats satisfaisants : sujets clairs de petite taille sur fond sombre (et inversement), contre-jour, etc., en clair dans toutes les conditions de lumière dites « difficiles ».

Modes de prise de vue

Passons maintenant à la pratique, en détaillant le principe de fonctionnement des modes Av, Tv et M.

Si votre priorité est la maîtrise de la profondeur de champ et que vous vous souciez finalement peu de la vitesse d'obturation et de la sensibilité, vous aurez tout intérêt à sélectionner le mode de prise de vue Av. Après avoir sélectionné l'ouverture du diaphragme et le mode d'exposition souhaités, c'est l'appareil qui va de son propre chef déterminer la valeur adéquate pour le temps de pose en fonction de la sensibilité renseignée (certains boîtiers peuvent également déterminer cette dernière de manière automatique).

À l'inverse, si vous souhaitez créer un effet de filé, placez-vous en mode Tv, sélectionnez le mode d'exposition et laissez votre boîtier déterminer l'ouverture requise.

Si maintenant vous souhaitez choisir vous-même l'ensemble de ces paramètres, faut-il activer le mode M et sélectionner l'ouverture, la vitesse, la sensibilité et le mode d'exposition ? Non, bien sûr que non ! En mode manuel, rien ne sert de s'attarder sur le choix d'un mode de mesure d'exposition puisque, par définition, tout est manuel en mode manuel : les automatismes induits par l'usage d'une mesure matricielle, pondérée ou spot sont donc inopérants.

IL

L'indice de lumination (IL) ou « exposure value » (Ev) est une unité de mesure de la lumière, représentée par les trois valeurs suivantes : ouverture, vitesse et sensibilité.
En un mot comme en cent, on va associer à chaque triplet (ouverture, vitesse, sensibilité) une valeur. Si deux triplets ont la même valeur, leur exposition est identique. Le triplet « ouverture f/1, vitesse 1 s, sensibilité 100 ISO » est utilisé comme référence et correspond à un indice de lumination de 0 IL.
Voici la méthodologie à appliquer pour déterminer l'indice de lumination :
– on ajoute 1 IL en fermant le diaphragme d'une valeur entière (donc en passant de f/2.8 à f/4, ou de f/8 à f/11) ;
– on ajoute 1 IL en divisant la vitesse par 2 ;
– on ajoute 1 IL en divisant la sensibilité par 2.
(Toute opération inverse fait donc perdre 1 IL.)

Reprenons les exemples précédents (f/8 – 1/200 s – 400 ISO, f/8 – 1/100 s – 200 ISO et f/8 – 1/50 s – 100 ISO) pour s'assurer que nos yeux ne nous trompent pas et que les photos ont bien la même exposition.
– **f/8** : en partant de f/1, les valeurs entières rencontrées sont f/1.2, f/2, f/2.8, f/4, f/5.6, f/8. On ferme donc six fois le diaphragme d'une valeur, et l'indice de lumination augmente de 6 IL.
– **1/200 s** : en partant de 1 s, et en divisant la vitesse par deux jusqu'à obtenir 1/200 s, on obtient les valeurs 1/2 s, 1/4 s, 1/8 s, 1/16 s, 1/32 s, 1/64 s, 1/128 s et 1/256 s (comme il n'est pas possible d'obtenir 1/200 s « tout rond », on prend donc la valeur suivante). On a donc divisé huit fois la vitesse de référence, et l'indice de lumination augmente de 8 IL.
– **400 ISO** : ici il ne faut pas diviser mais multiplier la valeur de référence, et l'on « perd » donc des IL. Voici les valeurs de sensibilité obtenues : 200 ISO, 400 ISO. L'indice de lumination descend donc de 2 IL.
Au final, le triplet « f/8 – 1/200 s – 400 ISO » obtient un indice de lumination de 6 + 8 – 2 = 12 IL.
En procédant de la même manière pour les deux triplets suivants :
– f/8 – 1/100 s – 200 ISO = 6 + 7 – 1 = 12 IL
– f/8 – 1/50 s – 100 ISO = 6 + 6 – 0 = 12 IL
Entendons-nous bien, vous n'aurez jamais à calculer un indice de lumination, mais si vous possédez un appareil assez récent, il se peut (et c'est même sûr si l'appareil en question est un reflex) qu'une échelle, généralement graduée de –2 à +2, s'affiche dans le menu de contrôle des paramètres de prise de vue. Cette échelle permet de corriger l'indice de lumination en le faisant varier de plus ou moins 2 IL.

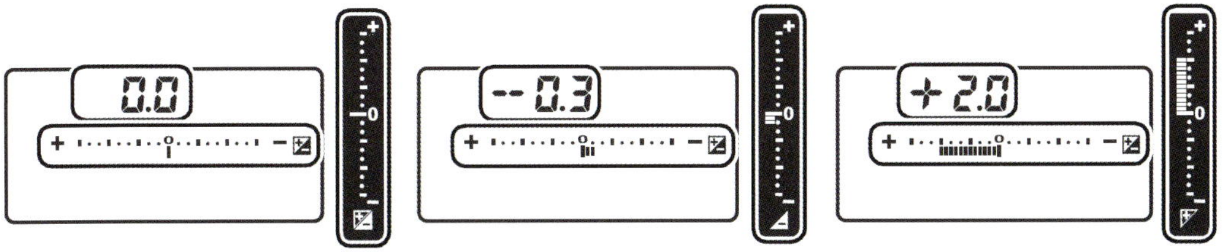

±0 IL

–0,3 IL

+2,0 IL

Avant correction

Après correction

Exemple parfait d'une grande zone claire pouvant fausser la mesure de calcul de l'exposition.

Anemone hybride « beauté parfaite »
Canon 5D Mark II
100 mm
f/2.8
ISO 200

Correction d'exposition

Quelle bonne nouvelle ! Et à quoi cette option va-t-elle servir ? Mettons-nous en situation : vous souhaitez privilégier un contrôle précis de la profondeur de champ et vous avez donc choisi le mode « priorité ouverture ».
De plus, vous savez que la mesure d'exposition matricielle donne souvent des résultats satisfaisants, et qu'elle est activée par défaut sur votre appareil (sur le mien également). Avant de déclencher, vous faites savoir à votre appareil que vous avez besoin d'une exposition « moyenne » en plaçant rigoureusement le curseur de l'échelle d'Ev sur l'indice 0.
Le problème est que vous êtes sur le point de photographier une petite fleur foncée isolée au milieu d'un environnement clair, le point faible de la mesure matricielle ! Au moment de déclencher, voici le raisonnement que celle-ci va tenir : « Hum... une grande partie de la photo est claire, je vais donc sélectionner une vitesse d'obturation et une sensibilité de manière à assombrir quelque peu tout cela et ainsi équilibrer l'ensemble. »
Au final, votre petite fleur foncée devient encore plus sombre qu'elle ne l'était. Plutôt fâcheux !
Une solution consisterait à passer en mesure spot et à recommencer la procédure. Mais le plus simple est de forcer l'appareil à surexposer quelque peu l'image en décalant le curseur vers le «+» sur l'échelle Ev (par exemple sur +1 Ev), le contraignant ainsi à fausser sa propre mesure d'exposition, qui, je le rappelle, était elle-même faussée par la présence d'une grande partie claire. Au final, cette opération, autrement nommée « correction d'exposition », permet de rattraper l'erreur commise par l'appareil.

Je devine très bien ce que vous êtes en train de vous dire, car pour être sincère, je me suis posé la même question : on a vu précédemment qu'on ajoutait des IL (Ev) en diminuant l'ouverture ou en divisant la vitesse ou la sensibilité, c'est-à-dire en assombrissant la scène. Alors pourquoi l'image devient-elle plus claire en plaçant le curseur sur +1 Ev ? Ça n'en a pas l'air, mais c'est parfaitement logique : en déplaçant le curseur, vous essayez de faire correspondre l'indice mesuré par l'appareil et l'indice réel de la scène. Si l'appareil mesure un indice de 9 Ev alors que la scène fait en réalité 10 Ev (comme ça pourrait être le cas ici à cause de cette satanée mesure matricielle), la photo résultante sera sous-exposée (l'appareil considère que la scène est plus lumineuse de −1 Ev et laisse, de ce fait, entrer moins de

***Cerastium* sp., Céraiste sp.**
Canon 5D Mark II
100 mm
f/3.2
1/200s
ISO 200

L'histogramme témoigne d'une répartition homogène des valeurs de luminosité. Notez la présence d'un pic à droite témoignant d'une surexposition (il s'agit ici des contours des tiges qui se dessinent sous l'effet de la lumière du soleil).

lumière). Ajouter 1 Ev à l'appareil permettra donc de rétablir l'équilibre, en surexposant par rapport à la mesure d'origine.

Histogramme

Toutes ces notions finalement maîtrisées, vous avez pris votre courage à deux mains et déclenché, sûr de votre résultat. Comment faire dès lors pour savoir si votre photo est globalement bien exposée ou si certaines zones ne sont pas sous-exposées ou au contraire surexposées au point de présenter des pertes de détails dans les basses lumières (on dit que la photo est « bouchée »), ou à l'inverse dans les hautes lumières (la photo est alors dite « brûlée ») ? « Tout simplement en affichant l'aperçu de la photo enregistrée sur l'écran de l'appareil », me direz-vous. Eh bien non ! les écrans ne sont pas fiables : combien de fois avez-vous été déçu par une image que vous pensiez réussie et qui ne l'était plus une fois affichée sur votre écran d'ordinateur ? Le seul moyen fiable de savoir si une exposition est correcte est de consulter l'histogramme, un outil bien utile présent sur la majorité des appareils actuels.

L'histogramme est une courbe graphique qui représente la répartition des pixels de l'image selon leur luminosité. Celle-ci, affichée sur l'axe horizontal, varie de 0 pour le noir à 255 pour le blanc. L'axe vertical sert quant à lui à quantifier le nombre de pixels ayant une luminosité donnée. En clair, plus les pixels possédant la même luminosité seront nombreux sur la photo, plus la colonne qui représente cette valeur de luminosité sera haute.

La forme globale de l'histogramme apporte les informations suivantes :

– une bosse vers la droite ou vers la gauche témoigne d'une photo respectivement trop claire ou trop sombre ;

– un histogramme regroupé au centre (ou étiré sur toute la longueur, sans « bombage ») témoigne d'un manque de contraste (ou d'un excès) ;

– un pic dans la colonne correspondant au noir absolu (0) ou au blanc absolu (255) prouve que la photo possède des zones respectivement bouchées ou brûlées.

Dans l'idéal, votre histogramme devrait être bombé en son centre et étalé sur toute la longueur de l'axe horizontal. Dans les faits, une répartition parfaite de la luminosité n'est pas gage de cliché réussi, et rien ne vous empêche de volontairement surexposer ou sous-exposer votre photo par souci d'originalité ou d'esthétisme.

Si par contre vous vous rendez compte que votre histogramme présente une « anomalie » par rapport au résultat escompté, il vous suffira de prendre une nouvelle photo en corrigeant votre exposition en conséquence.

TEMPÉRATURE DE COULEUR

Vous devez être intrigué par le titre « Température de couleur », tant les termes « température » et « couleur » semblent appartenir à des univers différents : nous associons plutôt le premier à la météorologie ou la thermodynamique, et le second aux mondes de la peinture ou de la photographie.

Pourtant, ne dit-on pas « couleurs chaudes » pour désigner des teintes rouges, orangées ou jaunes ? Et, à l'inverse, « couleurs froides » pour des teintes bleues, violettes ou mauves ? Hasard ? coïncidence ? abus de langage ? Nous allons voir cela en détail.

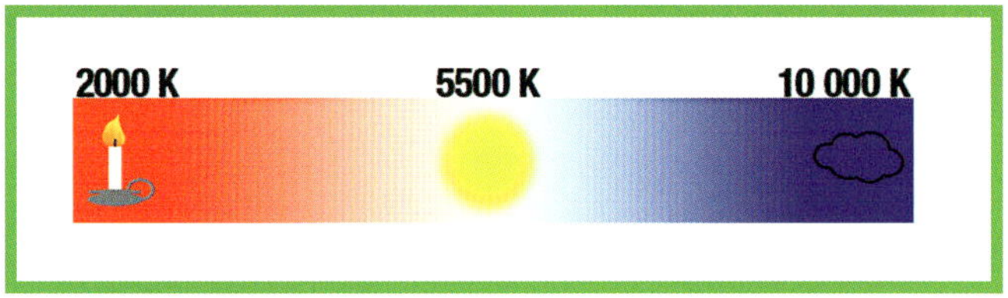

Définition

Pardon mille fois de revenir sur des notions si élémentaires, mais il me semblait indispensable de répondre aux interrogations que se posent les plus jeunes lecteurs de cet ouvrage. Si vous avez plus de 10 ans, ce qui suit vous paraîtra certainement évident, mais ne vous inquiétez pas, le niveau des pages suivantes sera nettement plus élevé.
La température de couleur, exprimée en kelvins (K), caractérise la répartition de l'énergie du rayonnement au sein des ondes de diverses longueurs qui constituent le spectre d'émission de la source lumineuse. La loi de Wien affirme même que la quantité d'énergie émise par une source atteint un maximum pour une longueur d'onde particulière, venant ainsi appuyer la thèse de Stephan-Boltzmann selon laquelle la densité d'énergie lumineuse est d'autant plus importante que la source a une température élevée.
Je plaisante : la température de couleur permet simplement de caractériser la couleur de la lumière émise par une source lumineuse, en lui attribuant une valeur exprimée en kelvins (K).

Exemples

Pour les sources de lumière usuelle, la température s'étend de 1 000 K (2 000 K pour un coucher de soleil ou une bougie, par exemple) à plus de 10 000 K (pour un ciel boréal, par exemple). La source sera considérée comme « chaude » si sa température est inférieure à 3 000 K et « froide » si celle-ci est supérieure à 6 000 K. Vous le croirez ou non, mais les sources dites « chaudes » présentent une couleur rouge orangé, et les sources dites « froides » des teintes bleutées… « Couleurs chaudes » et « couleurs froides » ne sont donc pas des abus de langage ; vous voilà rassuré.
Notez également que la lumière que notre œil considère comme « blanche » est celle du soleil à midi, dont la température avoisine les 5 500 K.
Cette température de couleur fait même partie intégrante de notre quotidien depuis septembre 2010, puisqu'elle est désormais indiquée sur les emballages des ampoules fluocompactes ou lampes à économie d'énergie.

Kelvin ?

J'en conviens, il doit vous sembler étonnant qu'on utilise le kelvin pour mesurer la température de couleur, quand cette unité sert généralement de mesure aux températures « classiques » (0 K ou « zéro absolu » correspond à –273 °C). C'est pourtant

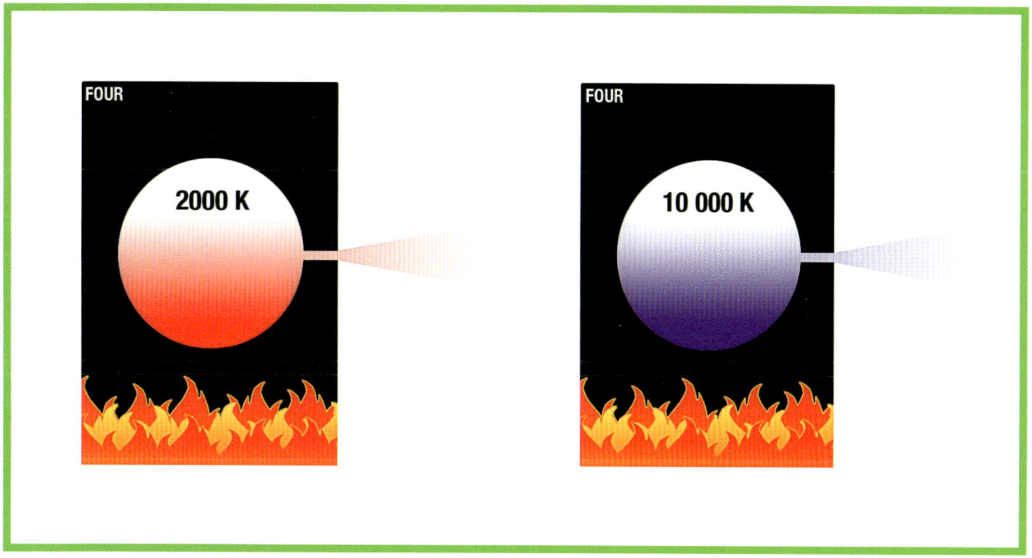

totalement justifié : lord Kelvin, de son vrai nom William Thomson (allez comprendre pourquoi un physicien utilisait un pseudonyme), expert reconnu en thermodynamique, eut l'idée saugrenue de comparer les variations de teinte de la lumière du jour avec celle d'un « corps noir » chauffé à haute température.

Un « corps noir » est un objet « idéal » qui ne renvoie aucune lumière, quelle qu'en soit l'intensité, et la piège dans une cavité. L'objet réel qui se rapproche le plus de ce modèle est l'intérieur d'un four. Après avoir percé un petit trou dans l'une des parois de ce four, pour voir ce qu'il s'y passe, on le chauffe progressivement.

On s'aperçoit alors que celui-ci émet une lumière dont la teinte dépend directement de la température de chauffe : d'abord rouge, vers 2 000 K, celle-ci vire au blanc, vers 5 000 K, puis au bleu au-delà.

Marquage des lampes

Dans un souci d'exhaustivité, je me dois également d'aborder le cas des fleurs qui vous ont été offertes et qui trônent fièrement sur la table du salon. Pourquoi ne pas les photographier elles aussi ?

Elles ne sont pas uniquement soumises au rayonnement naturel du soleil, mais également à l'éclairage artificiel constitué par les lampes que vous possédez chez vous.

Nous l'avons évoqué plus haut, les ampoules actuelles affichent leur température de couleur, pour permettre à chacun de créer l'ambiance lumineuse recherchée.

Cette température n'est pas la seule indication présente, et s'accompagne de leur indice IRC (Indice de rendu de couleur), capacité que possède l'ampoule à restituer fidèlement l'ensemble des couleurs du spectre visible. L'indice maximal est de 100 %, et correspond bien entendu au rayonnement de la lumière du jour. Je vous conseille d'opter pour des lampes à IRC supérieur ou égal à 90 %, qui vous permettront de profiter au mieux des couleurs offertes par vos fleurs, sans en modifier les teintes.

Ces deux informations sont par ailleurs clairement identifiables sur l'ampoule : par exemple, si l'inscription « 940 » apparaît, l'IRC est supérieur à 90 % et la température de couleur est de 4 000 K. En prenant une ampoule marquée « 830 », l'IRC sera compris entre 80 % et 89 %, et la température de couleur sera de 3 000 K.

Régler la balance des blancs

La notion de température de couleur peut vous paraître abstraite, car notre œil a la fâcheuse tendance de supprimer toute dominante de couleur, quel que soit l'éclairage : une feuille blanche illuminée d'un rayonnement jaune nous apparaît quand même blanche. À l'inverse, le capteur de votre appareil est quant à lui capable d'enregistrer scrupuleusement toute teinte de lumière. Selon les cas, il sera intéressant de conserver cette dominante ou au contraire de la supprimer. Voyons dans un premier temps comment la supprimer grâce aux ingénieuses fonctions de nos boîtiers adorés.

Anémone pulsatille
Canon 5D Mark II
300 mm
f/4
1/500 s
ISO 160

Les teintes de cette photo sont clairement chaudes…

… alors que celle-ci présente des nuances froides.

***Pelargonium* X 'Scarlet Unique'**
Canon 5D Mark II
100 mm
f/3.5
1/60 s
ISO 500

Correction de la balance des blancs

Du plus petit compact au plus perfectionné des reflex, de nos jours tous les appareils disposent d'une fonctionnalité de correction de la balance des blancs, souvent représentée par de petits pictogrammes prenant la forme d'un soleil, d'un nuage, etc., ou du mystérieux acronyme « AWB ». Cette fonction va tout simplement permettre d'informer l'appareil des conditions lumineuses régnant sur la scène, pourqu'il puisse supprimer toute dominante de couleur. Pratique... mais attention de bien sélectionner, sans quoi le résultat obtenu pourrait être... surprenant !

Voici un bref aperçu des choix qui vous seront proposés :

– L'icône « Soleil » est à utiliser quand la météo est généreuse : grand soleil et pas de nuage en vue.

– L'icône « Ampoule » permet de corriger la dominante de couleur engendrée par un éclairage « tungstène ».

– L'icône « Nuage » corrige la dominante créée par un ciel nuageux.

– L'icône « Ombre »... je ne vous en dis pas plus.

– L'icône « Éclair »... uniquement si vous utilisez un flash.

– L'icône AWB (Auto White Balance, « Balance des blancs automatique » : ça laisse rêveur, non ?) est à proscrire définitivement, il va sans dire.

– L'icône K (comme « kelvin » bien sûr) est de loin l'option la plus intéressante puisqu'elle va vous autoriser à rentrer vous-même manuellement la température de couleur de la scène, en kelvins.

Pas de problème donc pour corriger la balance des blancs d'une lumière d'intérieur, il suffit d'entrer dans l'appareil la valeur qui figure en inscription sur l'ampoule. Pour les photos en extérieur, je vous l'accorde, ça devient plus compliqué... sauf si vous disposez d'un thermocolorimètre, appareil qui permet justement de mesurer la température de couleur.
Si vous souhaitez maintenant retranscrire fidèlement la chaleur rouge dorée émanant d'une lumière crépusculaire, ce que je conçois et même encourage vivement, vous n'aurez qu'à vous placer sur l'icône « Soleil » ou activer le mode K et sélectionner « 5 500 K », ce qui, vous l'aurez compris, revient au même.
Il n'y a d'ailleurs pas trop de questions à se poser si votre but est de photographier en extérieur sans correction de la teinte de la lumière : les modes « Soleil » et « K à 5 500 K » sont les seuls qui vous permettront d'obtenir le résultat escompté.

Feuille de papier

Autre fonctionnalité, tout aussi géniale quoique plus élitiste, puisque, sauf erreur, elle n'est présente que sur les reflex : la correction par étalonnage. Le mode opératoire est simple : rendez-vous à l'endroit de votre prise de vue équipé d'une feuille blanche. Celle-ci, illuminée par la lumière présente sur les lieux, se pare d'une certaine teinte (que notre œil ne voit bien sûr pas, car il la corrige). En activant cette fonctionnalité sur votre appareil et en photographiant la feuille blanche, celui-ci va s'autocalibrer et automatiquement priver les futures photos de la dominante colorée qu'il aura décelée sur la photo étalon ! Grandiose.

Sans correction

Avec correction

Cœur-de-marie
Canon 5D Mark II
300 mm
f/4
1/125 s
ISO 100

Anomalie du réglage K

Dernier petit point, pour ceux qui veulent aller toujours plus loin : si vous êtes adepte du mode « K », et je vous encourage à le devenir si votre appareil en dispose, vous vous êtes certainement essayé à pousser les K au maximum, juste pour faire des tests. Dans la plupart des cas, la photo résultante revêt un voile orangé (ou un voile bleuté si on fixe les K au minimum). On a pourtant vu plus haut qu'une température de couleur élevée avait une teinte bleutée… comment expliquer ce phénomène ? L'explication est similaire à celle évoquée dans le chapitre précédent, dans le cadre du problème lié à l'augmentation des Ev sur l'échelle de correction de l'exposition. Car en entrant manuellement 10 000 K dans votre appareil, vous lui faites implicitement parvenir ce message : « Allô appareil ? Ici photographe ! S.O.S. J'estime que la température de couleur ambiante est à 10 000 K, je compte donc sur toi pour rectifier cette dominante. » L'appareil ainsi configuré va rajouter du « chaud » (du rouge orangé) à la photo pour compenser tout le « froid » (le bleu) de la scène photographiée. Or, dans la plupart des cas, la température de couleur de la scène n'était pas réellement de 10 000 K, mais peut-être seulement de 7 000 K. L'appareil rajoute donc plus de « chaud » que nécessaire, et la photo endosse finalement une teinte orangée.

LES OBJECTIFS

NOTIONS TECHNIQUES

S'il est vrai qu'un bon appareil ou un bon objectif n'ont jamais fait de bonnes photos, vous équiper de ce qui se fait de mieux, ou tout au moins de ce qui est le plus adapté à vos besoins, sera un sérieux atout dans votre quête de LA photo.

Bonne nouvelle cependant : la photo de plantes n'est pas très exigeante dans ce domaine, et vous devriez pouvoir vous y adonner quel que soit le matériel dont vous disposez. Mais abordons d'abord quelques notions techniques.

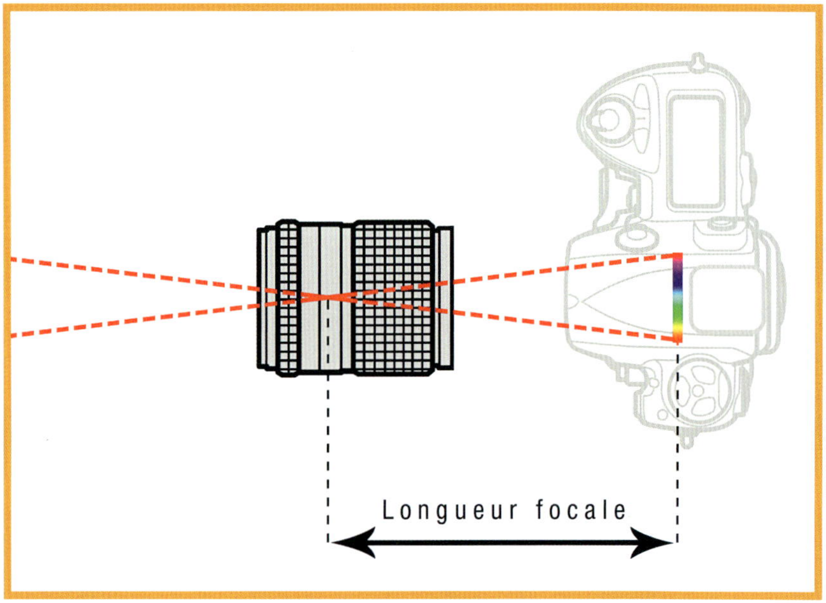

Anatomie d'un objectif

Focale

J'évoque ce terme depuis le début de cet ouvrage, et j'imagine bien que vous fulminez d'impatience d'en connaître le sens, même si vous avez au moins une vague idée de ce qui se cache derrière ladite notion. S'il est une information que chaque objectif arbore fièrement sur sa coque, c'est bien celle-ci : la focale. Une fois de plus, il s'agit d'un abus de langage, le terme désignant en fait la « distance focale ». Exprimée en millimètres, celle-ci se définit comme la distance séparant le centre optique de l'objectif et le foyer :

– le foyer est l'endroit où convergent les rayons lumineux, donc, dans notre cas, le capteur ;

– le centre optique d'une lentille est le point où les rayons incidents ne sont pas déviés. Relativement facile à déterminer dans le cas d'une lentille isolée (c'est alors simplement son centre), vous comprendrez aisément que cela devient un brin plus compliqué dans le cas d'un objectif, composé d'un assemblage de plusieurs lentilles… ceci dit, comme le but n'est pas ici de faire un exposé d'optique géométrique, l'emplacement de ce point, en définitive, importe peu. Retenez simplement que la focale va déterminer le pouvoir grossissant d'un objectif : plus la focale sera grande, plus un objet éloigné semblera proche une fois l'œil dans le viseur.

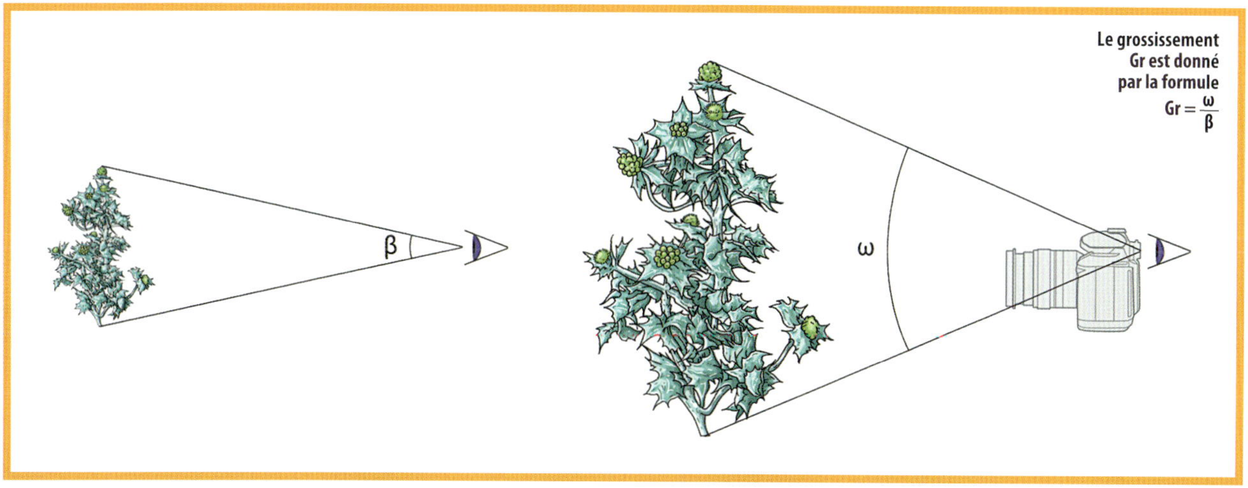

50 mm

100 mm

150 mm

Il existe deux types d'objectifs : les objectifs à focale fixe et les objectifs à focale variable, que vous connaissez sous le nom de « zoom ».

En ouverture :
Polemonium caeruleum
Valériane grecque
f/2.8

Angle de champ

Étroitement lié à la focale, l'angle de champ correspond à l'ouverture angulaire que l'objectif va être capable de couvrir. Si l'objectif était un œil, on parlerait de champ de vision. Plus la focale sera courte, plus le champ couvert sera large. Une focale longue, quant à elle, correspond à un angle de champ serré.

Pour des raisons qui ne vous échappent désormais plus, les objectifs de focale inférieure à 50 mm sont dits « grands-angles », tandis que ceux de focale supérieures sont appelés « téléobjectifs ». Et ceux de 50 mm exactement alors ? Eh bien ceux-ci sont qualifiés de « standard » car ils correspondent grosso modo au champ couvert par l'œil humain.

Ouverture

Pas besoin d'en dire plus ici, vous savez exactement à quelle grandeur je fais référence. L'ouverture maximale que pourra prendre un objectif est directement inscrite dessus, généralement précédée de la mention « 1: ». Ainsi, les inscriptions 50 mm 1:2.8 font référence à un objectif de focale 50 mm et dont l'ouverture maximale est de f/2.8.

Les zooms sont un peu particuliers puisqu'ils présentent généralement plusieurs informations d'ouverture, par exemple 70–300 mm 1:4.5–5.6 ; l'objectif peut donc faire varier sa plage focale de 70 mm à 300 mm et, de plus, l'ouverture maximale sera de f/4.5 à 70 mm et de f/5.6 à 300 mm.

Outre les gains en vitesse et en profondeur de champ que nous avons évoqués plus tôt, un objectif lumineux (c'est-à-dire de grande ouverture maximale) garantira une visée et donc une mise au point facilitées.

Distance minimale de mise au point

Aussi perfectionné (et aussi cher) soit-il, chaque objectif est conçu pour fonctionner de manière optimale à une certaine distance de travail. En deçà d'une distance dite « distance minimale de mise au point », celui-ci ne sera pas capable de faire la mise au point, et donc d'obtenir une image nette.
Cette notion est fondamentale et explique notamment pourquoi il n'est pas possible de photographier des insectes en plan serré avec les gros objectifs blancs utilisés par les professionnels de la photo animalière ou sportive. Ce serait comme essayer de compter les pattes d'une coccinelle à travers une paire de jumelles (la réponse est 6 !).

Notions avancées

Voilà pour ce qui était des notions élémentaires, sur lesquelles nous aurons l'occasion de revenir par la suite. Place maintenant à des termes un peu plus techniques, qui sauront à coup sûr ravir les amateurs d'émotions fortes.

Facteur de recadrage

Si vous n'êtes pas sujet à la narcolepsie, vous avez certainement vu l'image présentée comme illustration dans le paragraphe dédié à l'angle de champ. Cette image ne vous a-t-elle pas rappelé quelque chose ? Comme une sensation de déjà-vu ? Si bien sûr ! Elle ressemble à s'y méprendre à celle utilisée pour définir les différentes tailles de capteur. Celles-ci auraient-elles une incidence sur la focale ? Oui ! Dans les deux exemples, pour passer d'un cadre à un autre d'une taille au-dessous (de plein format à APS-C ou de 50 mm à 90 mm, par exemple), il faut rogner les bords de l'image ; cela voudrait-il dire qu'utiliser un capteur plus petit équivaut à réduire l'angle de champ de l'objectif utilisé ?
Au risque de vous surprendre : oui !
Pour connaître l'équivalent APS-C d'une focale utilisée sur un capteur plein format, il faut revenir aux dimensions de ces deux capteurs. Rappelez-vous : un capteur APS-C mesure généralement 14.8 mm × 22.2 mm, sa diagonale est donc de 27 mm. Celle d'un capteur de 24 mm × 36 mm est de 43 mm, donc 1,6 fois plus grande que celle d'un capteur APS-C.
Cela signifierait, arrêtez-moi si je me trompe, qu'en utilicant un objectif de focale 90 mm sur votre appareil à capteur APS-C, vous auriez le même cadrage qu'en utilisant un appareil à capteur plein format équipé d'une focale de 90 mm × 1.6 = 144 mm (une focale pas courante vous en conviendrez… arrondissons à 140 mm) ! C'est tout à fait cela ! La preuve en images :

24x36 mm + 140 mm

APS-C + 90 mm

f/2.8

Ainsi, si l'on veut conserver le même cadrage avec un APS-C qu'avec un plein format, il faut s'éloigner du sujet, ce qui explique qu'à focale, cadrage et ouverture identiques, la profondeur de champ est plus grande avec un capteur plus petit.
Ce « rognage » d'une partie de l'image induit par l'utilisation d'un capteur plus petit est appelé « facteur de recadrage » ou « facteur de crop ». Il vaut 1.5 ou 1.6 (selon la marque du boîtier) pour un capteur APS-C et 1.3 pour un capteur APS-H.
Quel est son intérêt dans le contexte de la photo de fleur ? Armé de votre boîtier APS-C, vous pourrez effectuer des cadrages plus serrés de votre sujet, et donc mieux le mettre en valeur, tout en vous positionnant à la même distance que si votre boîtier avait été plein format (imaginez que pour une raison ou une autre – cours d'eau, ronces, etc.–, vous ne puissiez vous approcher de la fleur).

Hyperfocale

Dans le cadre d'une mise au point à l'infini (donc quand la bague de mise au point de votre objectif est positionnée sur le logo « ∞ »), la distance hyperfocale, ou l'hyperfocale, est la distance à partir de laquelle la profondeur de champ s'étend à l'infini. Cela laisse rêveur, n'est-ce pas ? L'hyperfocale H lie la focale utilisée f, l'ouverture du diaphragme **N** et la valeur du cercle de confusion c (0.018 mm pour un capteur APS-C, 0.03 pour un plein format, 0.005 pour un capteur 1/3", etc.) selon la formule :
$H = f^2/Nc + f$ (ce dernier terme étant négligeable comparé au premier, on l'oublie)
$H = f^2/Nc$
Donc, si vous utilisez un objectif de 50 mm fermé à f/4, sur un boîtier APS-C, la distance à partir de laquelle tout sera net sur votre image sera :
$H = 50^2/4 \times 0.018 = 34\,722$ mm = 34,7 m
C'est beaucoup… en fermant à f/11, on passe à 12,6 m.

OBJECTIF GRAND-ANGLE

Objectif roi quand il s'agit de s'adonner aux joies de la photo de paysage, le grand-angle n'en est pourtant pas moins un objectif très polyvalent, dont les domaines d'utilisation peuvent être multiples : architecture, portraits… et bien sûr, vous l'aurez compris, photos de plantes.

Nous l'avons vu dans le chapitre précédent, on considère comme grand-angle tout objectif dont la focale est inférieure à 50 mm. Dans les faits, et pour mettre en évidence les spécificités de ces objectifs, il vaut mieux se tourner vers des optiques dont la focale se situe autour de 24 mm (plein format) ou 17-18 mm (APS-C).

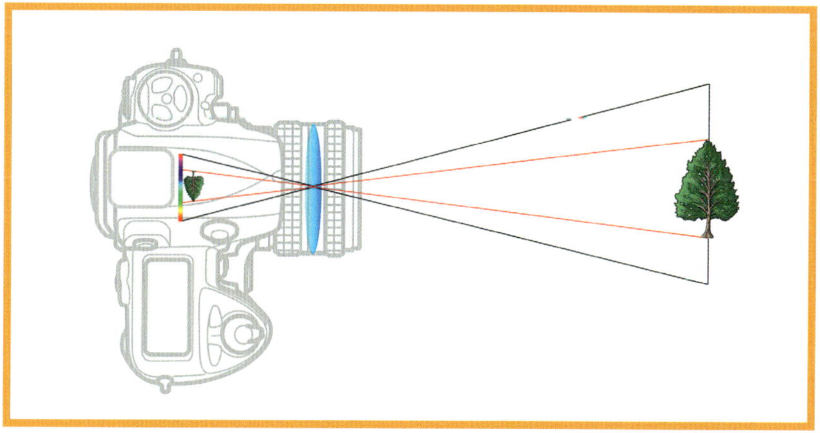

Construction

Vous savez déjà que la distance focale d'une lentille seule est précisément celle qui sépare le capteur du centre de cette même lentille. Si les grands-angles n'étaient constitués que d'une seule lentille, un problème de taille ferait rapidement son apparition : pour un 18 mm par exemple, la distance qui sépare la lentille du capteur serait de… 18 mm bien sûr. Sauf que la construction des boîtiers actuels ne permet pas de placer une lentille si proche du capteur, à moins de pulvériser le miroir. Il a donc fallu ruser. En plaçant l'ensemble des lentilles de courte focale présentes dans l'objectif plus loin du capteur, on s'expose aux mêmes symptômes que ceux de la myopie : pour apparaître nets, les objets doivent être placés près de l'objectif. Mêmes symptômes, mêmes remèdes ! Au même titre que l'on soigne une myopie à l'aide d'une lentille divergente (concave), on ajoute une ou plusieurs lentilles de ce type à l'avant de l'objectif pour corriger le problème de netteté sur les objets éloignés ! Stupéfiant !

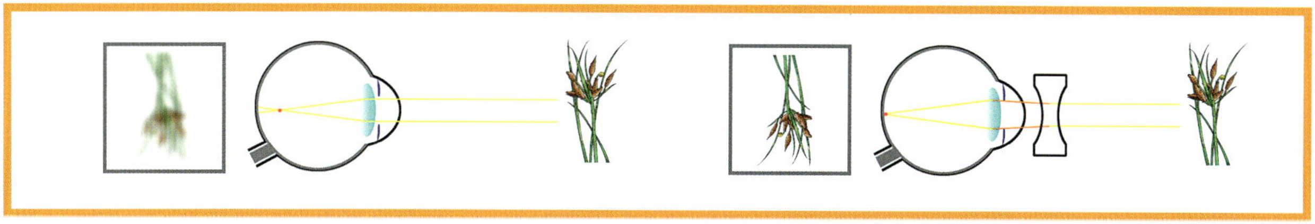

Exemples de focales

À titre informatif, voici une sélection des grands-angles les plus répandus, classés selon leur focale, et donc selon l'angle de champ couvert. Je ne parle ici bien entendu que des « focales équivalentes plein format ». Pour connaître les équivalents APS-C, il faudra bien sûr multiplier ces valeurs par 1,5 ou 1,6 selon votre matériel. L'utilisation de petits capteurs est donc un handicap dans le cadre de la photo faite au grand-angle, car l'angle de champ est alors rétréci.

Mm	Angle de champ couvert
35	54.4°
28	65.5°
24	73.7°
18	90°
14	104.3°
10	121.9°

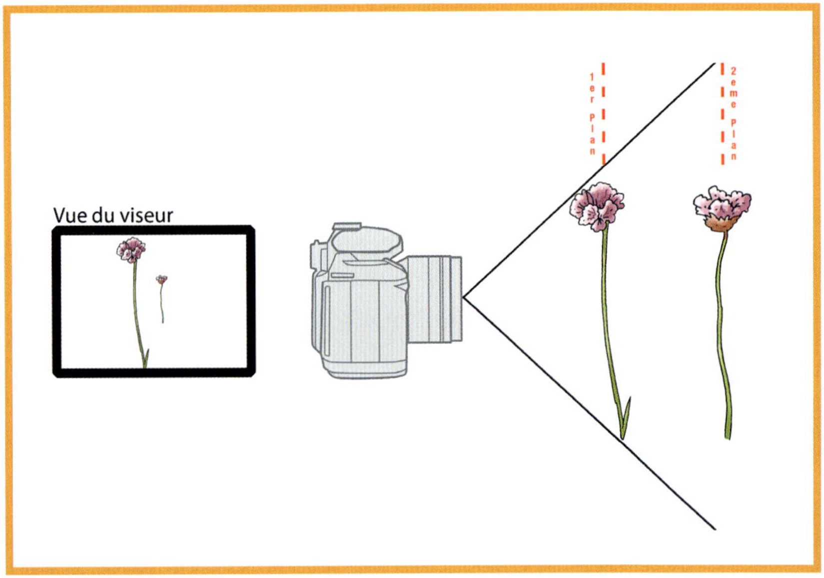

Utilisation

C'est ici que cela devient intéressant : nous l'avons dit et redit, c'est sa courte focale qui rend le grand-angle si singulier… mais dans la pratique, ça change quoi ?
Tout d'abord, c'est la perception des distances séparant les objets et les différents plans de l'image qui semble être affectée. Les objets placés au premier plan semblent bien plus imposants, et les objets des plans suivants apparaissent comme très distants.
L'utilisation d'un grand-angle en plan rapproché est donc un excellent moyen de mettre son sujet en valeur, en lui prêtant des dimensions qui peuvent sembler disproportionnées, et d'autant plus que l'objectif produit des distorsions dites « en barillet » : la partie centrale de l'image semble alors être plus « bombée » que sa périphérie.
Enfin, le grand-angle offrant un angle de champ plus large pour une même distance de travail, il vous permettra de replacer les plantes dans leur contexte en faisant figurer sur la photo leur environnement proche, ce qui facilitera dans certains cas leur identification ou amènera simplement sur la photo des éléments esthétiques méritant d'y figurer.
Attention toutefois quand vous utilisez votre grand-angle à pleine ouverture : vous risquez de constater un assombrissement des coins de votre photo, autrement appelé « vignettage », défaut optique qui peut être corrigé en fermant un peu le diaphragme.

f/4

f/5.6

Canon 5D Mark II
15 mm

Le vignettage est ici très léger, j'aurais sans doute pu le faire disparaître en ne fermant le diaphragme que d'un tiers de valeur.

Astéracée sp.
Canon 5D Mark II
15 mm
f/5.6
1/2000 s
ISO 200

Nénuphar
Canon 5D Mark II
15 mm
f/5.6
1/320 s
ISO 200

Astéracée sp.
Canon 5D Mark II
15 mm
f/5.6
1/2500 s
ISO 200

TÉLÉOBJECTIF

À objectif différent, utilisation différente: chouchou des photographes sportifs et animaliers, qui voient en lui le moyen idéal de faire des gros plans de leurs sujets préférés en conservant une distance de travail susceptible de ne pas les déranger pendant leur activité, le téléobjectif peut également s'avérer incontournable dans la photo botanique.

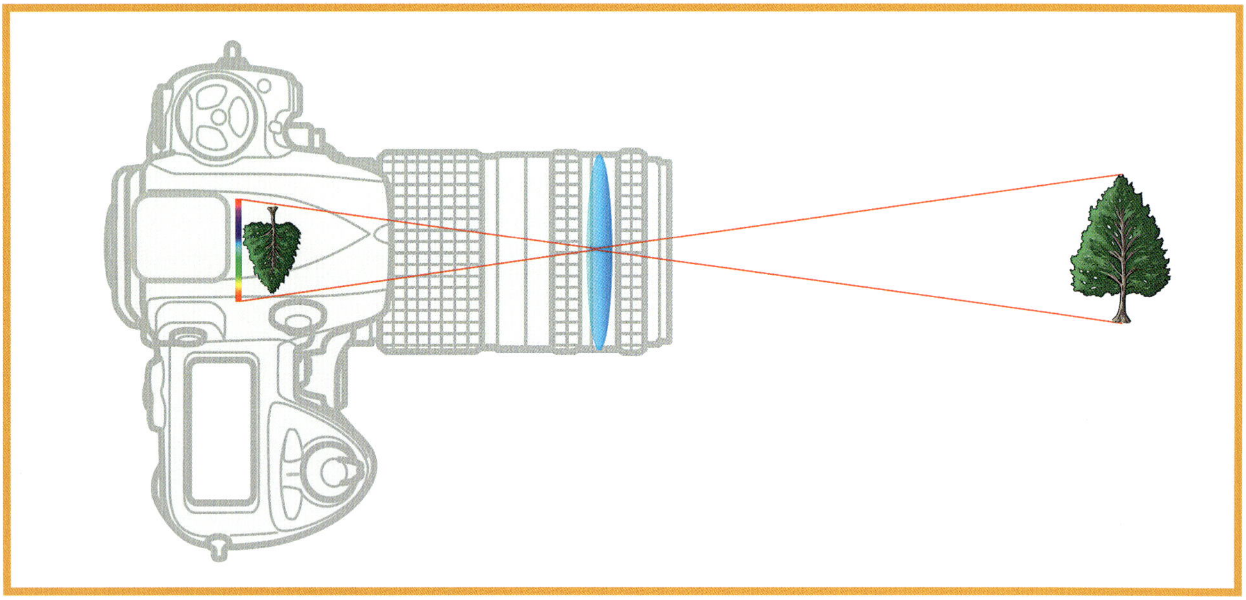

Même si on considère comme téléobjectif tout objectif dont la focale est supérieure à 50 mm, tout comme pour le cas du grand-angle, on estimera que l'augmentation de focale devient vraiment significative à partir de 90 mm.

Construction

Intuitivement, on se doute bien que les problèmes rencontrés avec le grand-angle, dans l'hypothèse d'un objectif ne contenant qu'une seule lentille, ne se reproduiront pas ici. Mais alors, pourquoi les téléobjectifs actuels possèdent-ils plusieurs lentilles ? Tout simplement parce qu'une lentille peut localement être considérée comme un prisme, qui disperse plus ou moins la lumière selon sa couleur : la lumière bleue sera plus déviée que la lumière rouge, par exemple, et par conséquent leurs plans de netteté respectifs seront décalés. Ce phénomène, autrement appelé « aberrations chromatiques », va être amplifié par l'usage d'une lentille de longue focale, et au final certains détails de l'image produite présenteront des contours irisés.

Vous le croirez ou non, mais pour atténuer ces franges indésirables, on utilise un principe similaire à celui appliqué pour le grand-angle, à savoir l'ajout d'une lentille divergente (concave) possédant des aberrations équivalentes, accolée à notre lentille convergente (convexe). À ce stade les problèmes d'aberration sont (en partie) corrigés, mais l'objectif ainsi obtenu, ou « objectif à focale longue », présente encore un léger souci de longueur… Pour raccourcir l'ensemble, on ajoute plusieurs lentilles divergentes à l'arrière de l'objectif, dont le rôle sera d'agrandir l'image avant qu'elle n'atteigne le capteur : nous tenons enfin notre téléobjectif !

Exemples de focales

À titre informatif, voici une sélection des téléobjectifs les plus répandus, classés selon leur focale, et donc selon l'angle de champ couvert. Je ne parle ici bien entendu que des « focales équivalentes plein format ». Pour connaître les équivalents APS-C, il faudra bien sûr multiplier ces valeurs par 1,5 ou 1,6 selon votre matériel (j'ai comme une sensation de déjà-vu, pas vous ?). Bien évidemment, et à l'inverse du grand-angle, le téléobjectif gagne à être utilisé avec un petit capteur, puisqu'il cadrera alors comme un objectif de focale 1,6 fois plus grande.

Mm	Angle de champ couvert
600	3.4°
500	4.1°
400	5.2°
300	6.9°
200	10.3°
150	13.7°
135	15.2°
100	20.4°
90	22.6°

Orchidée
Canon 5D Mark II
300 mm
f/4.5
1/1200 s
ISO 200

Les aberrations sont ici particulièrement visibles sur le pétale de gauche, et dans une moindre mesure sur le sépale de droite.

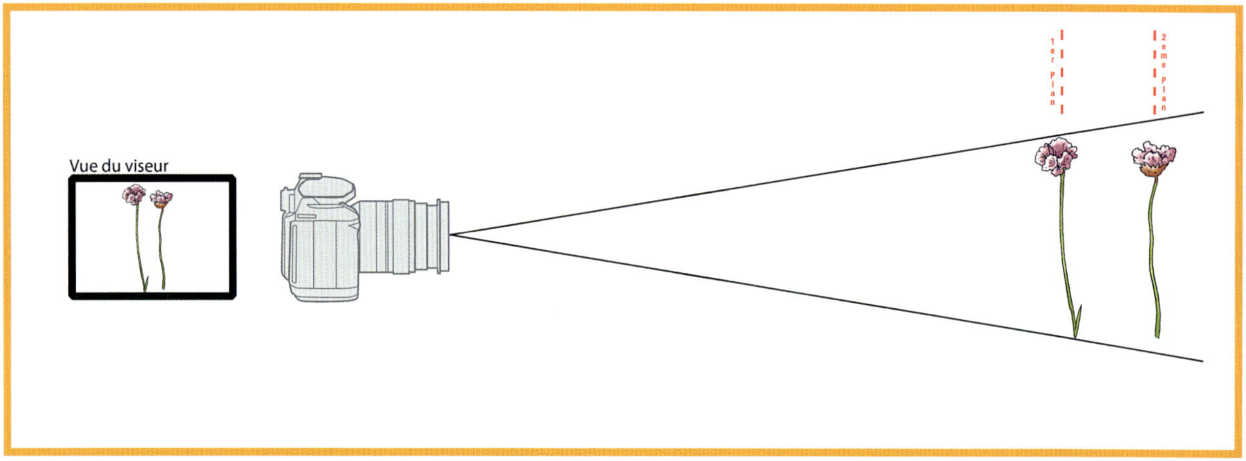

Utilisation

Vous l'aurez compris, dans la pratique, téléobjectifs et grands-angles ont des effets complémentaires : ce qu'il n'est pas possible de réaliser avec le premier, le sera avec le second, et inversement. Et donc les objets présents au premier plan, dont la taille semblait disproportionnée avec un grand-angle, retrouvent ici des dimensions comparables avec celles des objets situés aux plans plus éloignés.
Un téléobjectif va vous permettre de vous rapprocher de votre sujet grâce à un cadrage plus serré, ce qui le mettra immédiatement en valeur. Effet d'ailleurs amplifié par la profondeur de champ, moindre avec ce type de matériel qu'avec un grand-angle, à distance au sujet identique : votre fleur risque bien de se retrouver enveloppée dans un nuage flou du plus bel effet. De plus, vous pouvez « artificiellement » enrichir une composition trop simpliste en intercalant des éléments présents naturellement dans le décor (herbes, branches, feuilles, etc.) et situés dans un plan plus proche que celui du sujet : ils apparaîtront de ce fait sur l'image de manière floue, voire vaporeuse.
La plupart du temps, vous pourrez réussir cet effet en effectuant une prise de vue au ras du sol.
D'autre part, cette longue focale peut éventuellement vous permettre de vous approcher virtuellement d'un sujet alors même qu'un obstacle vous maintient à distance. Notez également que les téléobjectifs souffrent rarement des distorsions qu'affichent les grands-angles.
Revers de la médaille, et malgré l'astuce évoquée précédemment pour réduire leur taille, ils sont souvent lourds, encombrants et peu lumineux (ouverture maximale du diaphragme petite) : cette luminosité dépend en effet du diamètre de sa lentille frontale et de sa focale. Plus grande est la focale, et plus grande doit être la lentille si l'on veut que l'optique conserve sa clarté... Bien sûr, plus cette lentille est grande et plus elle est chère, ce qui explique les prix exorbitants des téléobjectifs haut de gamme. Pour revenir à des prix abordables, il a donc fallu faire des compromis sur la luminosité.

Canon 20D
300 mm
f/4
1/250 s
ISO 100

Cœur-de-marie
Canon 5D Mark II
300 mm
f/4
1/800 s
ISO 100

Canon 5D Mark II
300 mm
f/4
1/500 s
ISO 100

Anémone pulsatille
Canon 5D Mark II
300 mm
f/4
1/2000 s
ISO 400

OBJECTIF MACRO

Vous vous souvenez certainement de la petite coccinelle dont nous souhaitions pouvoir compter les pattes en utilisant un système optique. Nous avions vainement tenté de réaliser cet exploit en utilisant une paire de jumelles (= un téléobjectif).

Un instrument d'un autre type est donc nécessaire ; un instrument permettant non pas de réduire l'angle de champ, mais au contraire de diminuer la distance minimale de mise au point pour se rapprocher physiquement de cette coccinelle… un peu à la manière d'une loupe ! En photographie, cet instrument porte le nom d'objectif macro. Voyons ensemble ce qui se cache derrière cette appellation.

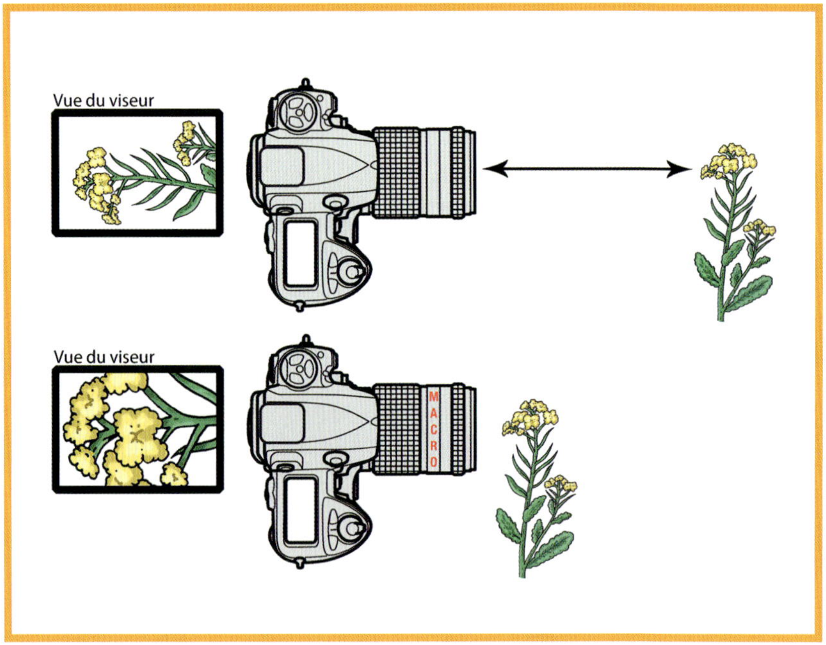

Construction

D'un point de vue strictement visuel, un objectif macro se présente comme une focale fixe : à ce jour, il n'existe aucun zoom qui soit réellement macro, n'en déplaise aux constructeurs qui estampillent sans vergogne leurs zooms de la mention « macro », alors que ceux-ci ne le sont que partiellement. Je l'ai précisé plus haut, ce qui fait la spécificité d'un objectif macro est sa distance minimale de mise au point, bien inférieure à celle d'objectifs « classiques ». Cette caractéristique implique une grande amplitude dans le déplacement des blocs internes de lentilles, et bien souvent l'objectif s'allonge d'autant plus que la distance de mise au point est courte… sauf s'il dispose d'une focalisation interne : ce ne sont alors plus des blocs entiers qui sont déplacés, mais uniquement quelques lentilles, habilement sélectionnées. Toujours très lumineux (l'ouverture maximale est généralement de f/2.8), souffrant rarement de défauts optiques et fournissant des photos de très haute qualité, les objectifs macro sont souvent meilleurs que les objectifs de focale et d'ouverture similaires.

Exemples de focales

Les focales les plus couramment utilisées sont les suivantes : 50 mm, 60 mm, 70 mm, 90 mm, 100 mm, 150 mm et 180 mm. Même si les angles de champ sont évidemment différents d'une focale à l'autre (sur ce point un objectif macro se comporte comme une simple focale fixe), ce n'est pas ceci qui va justifier l'achat d'un objectif macro plutôt qu'un autre.

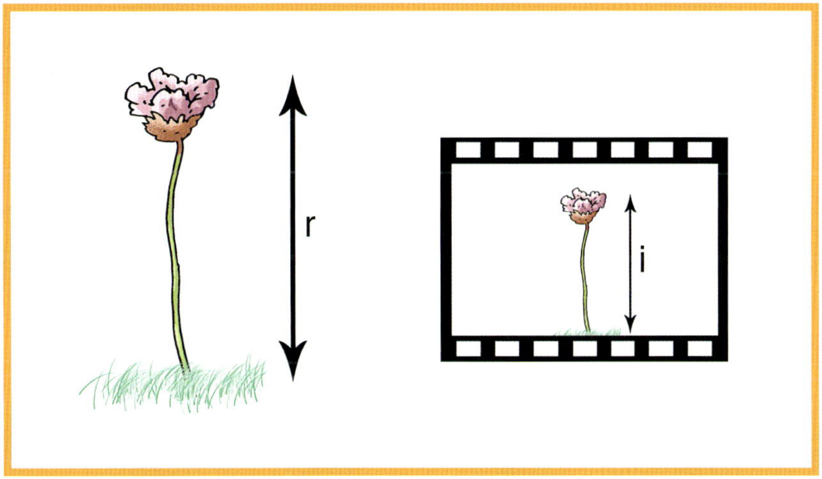

Le rapport de grandissement G est donné par la formule : G = i / r.

Rapport de grandissement

Car, en effet, j'évoque depuis tout à l'heure la distance de mise au point comme étant la principale caractéristique de ces optiques, laissant entendre qu'un objectif est plus « macro » qu'un autre si cette distance est plus courte. Ce n'est pas tout à fait exact.

Voici d'ailleurs la seule définition acceptable : un objectif est dit « macro » s'il est capable d'atteindre le rapport de grandissement 1:1… ce qui, j'en suis persuadé, vous fait une belle jambe, d'autant que la notion de rapport de grandissement vous est étrangère.

Comme son nom l'indique, le rapport de grandissement G résulte de la division d'une grandeur par une autre : il va en l'occurrence comparer la taille r réelle d'un objet avec la taille i de son image sur le capteur.

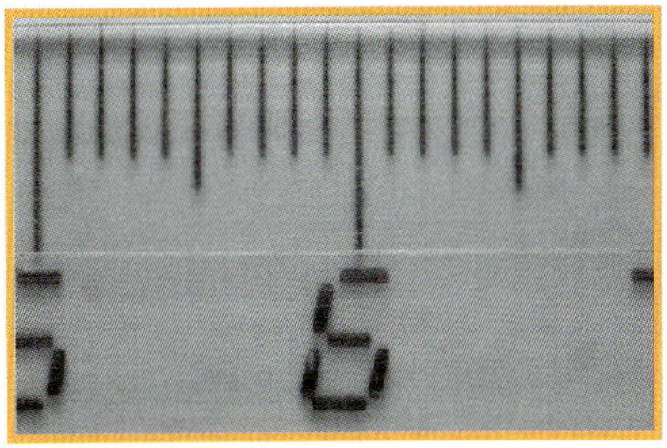

Mon capteur ayant une longueur de 22,5 mm, le rapport de grandissement est ici de G = 22.5 / 21 = 1.07, soit un peu plus que le rapport 1:1.

Pour un « véritable » objectif macro, l'objet et son image projetée auront la même taille ; on dit que le rapport est alors de 1:1. Si l'image est deux fois plus petite que l'objet, le calcul donne 0,5 ; on dit que le rapport est de 1:2. À l'inverse, si l'image est deux fois plus grosse que l'objet, le calcul donne 2 et le rapport est alors de 2:1.

Ce qui me permet de revenir au cas des zooms macro : dans le meilleur des cas, ils seront seulement capables d'atteindre le rapport de grandissement 1:2, soit un grandissement deux fois moindre qu'un objectif macro. Scandaleux ! Mais on pardonne volontiers aux constructeurs cette flagrante tentative d'escroquerie, car ces zooms sont généralement bon marché, et vous permettront de vous essayer à la photo de fleurs dans de très bonnes conditions. Si en revanche vos moyens vous permettent d'investir dans un objectif macro, foncez : il s'agit sans doute du type d'objectif le plus adapté à la photo de plantes !

Utilisation

L'objectif macro, pour peu qu'il soit employé dans des conditions de « distance de mise au point » normale, se comporte et s'utilise comme un objectif classique. En revanche, son utilisation se complexifie dès que cette distance diminue, notamment parce que au-delà d'un certain rapport de grandissement, l'autofocus de l'objectif peine tellement à faire la mise au point qu'il en devient inutilisable (il faut bien comprendre que l'amplitude de mise au point est autrement plus grande que sur un objectif classique). Notez au passage que certains objectifs possèdent un limiteur de mise au point, qui permet de favoriser les mises au point sur les sujets proches ou les sujets au contraire éloignés… ce qui rend l'autofocus pas complètement inutilisable.
Quoi qu'il en soit, je vous conseille de passer en mise au point manuelle dès que le rapport de grandissement dépasse 1:2. O.K., mais comment savoir que l'on est bien au rapport 1:2 ? en effectuant le calcul précédemment décrit ? Non, bien sûr, pas besoin d'en arriver là, car le rapport de grandissement est directement inscrit sur le fût de l'objectif.
Rappelez-vous ce que nous avions dit dans les pages précédentes au sujet de la profondeur de champ : elle diminue avec la distance de mise au point. Vous allez vite comprendre à quel point ceci est problématique quand vous vous essayerez à la photo au rapport 1:1.

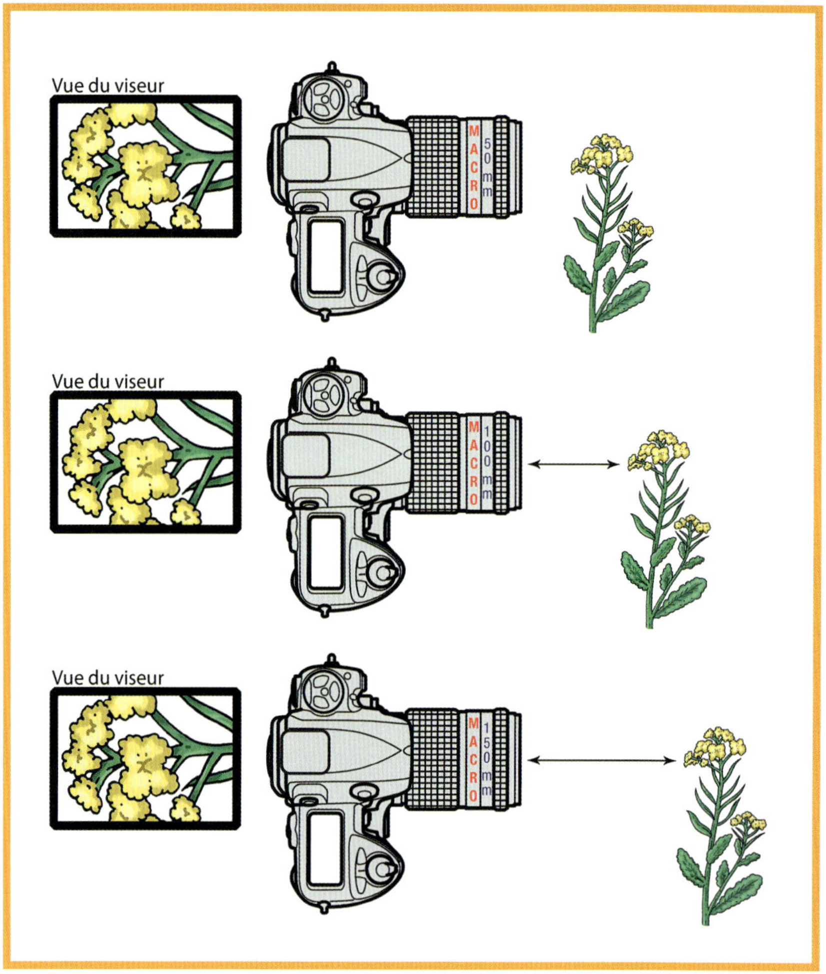

La visée se faisant à pleine ouverture, la profondeur de champ visible dans le viseur s'étend alors sur quelques millimètres tout au plus ! La mise au point va donc être délicate, et contrairement à une prise de vue classique où on se positionne à distance de son sujet puis on ajuste la mise au point avant de déclencher, ici il va falloir réduire le nombre d'actions au strict minimum.

On fixe donc à l'avance le rapport de grandissement en fonction du résultat désiré, et on effectue avec son corps de petites bascules d'avant en arrière jusqu'à ce que la mise au point soit bonne : il ne reste plus alors qu'à déclencher. Pour des grandissements si élevés, le taux de photos ratées est considérable : pas d'inquiétude, le numérique vous autorise à multiplier les prises de vue.

Si les objectifs macro sont tous de rapport 1:1, pourquoi diable proposer des focales différentes ? Excellente question (à vous de juger s'il est présomptueux de ma part de qualifier d'excellente une question que j'ai moi-même soulevée) ! En fait, même si le sujet va effectivement occuper la même place sur le capteur quelle que soit la focale (pour un rapport donné), la distance au sujet va quant à elle varier, et sera d'autant plus importante que la focale sera longue. Ce qui n'a aucune espèce d'importance dans le cas des fleurs, mais bien plus si vous souhaitez immortaliser des sujets craintifs, comme les insectes. Avec une focale plus longue (et les inconvénients de poids et d'encombrement qui vont avec), vous vous assurez une distance de sécurité confortable.

Enfin, et pour les amoureux de grandissements extrêmes (et de sensations fortes aussi… je vous laisse apprécier la difficulté que représente la mise au point dans ces conditions), sachez que certaines marques proposent des objectifs « supermacro » qui permettent, sans ajout d'accessoire, d'atteindre des rapports allant jusqu'à 5:1 (donc un grandissement 5 fois plus important qu'avec un objectif macro classique) : usure accélérée des yeux garantie !

Hortensia
Canon 5D Mark II
100 mm
f/3.5
1/250 s
ISO 200

Fraisier des bois
Canon 5D Mark II
100 mm
f/3.2
1/500 s
ISO 100

Tropaeolum majus
Canon 5D Mark II
65 mm
f/3.5
1/800 s
ISO 400

Canon 20D
100 mm
f/3.2
1/640 s
ISO 320

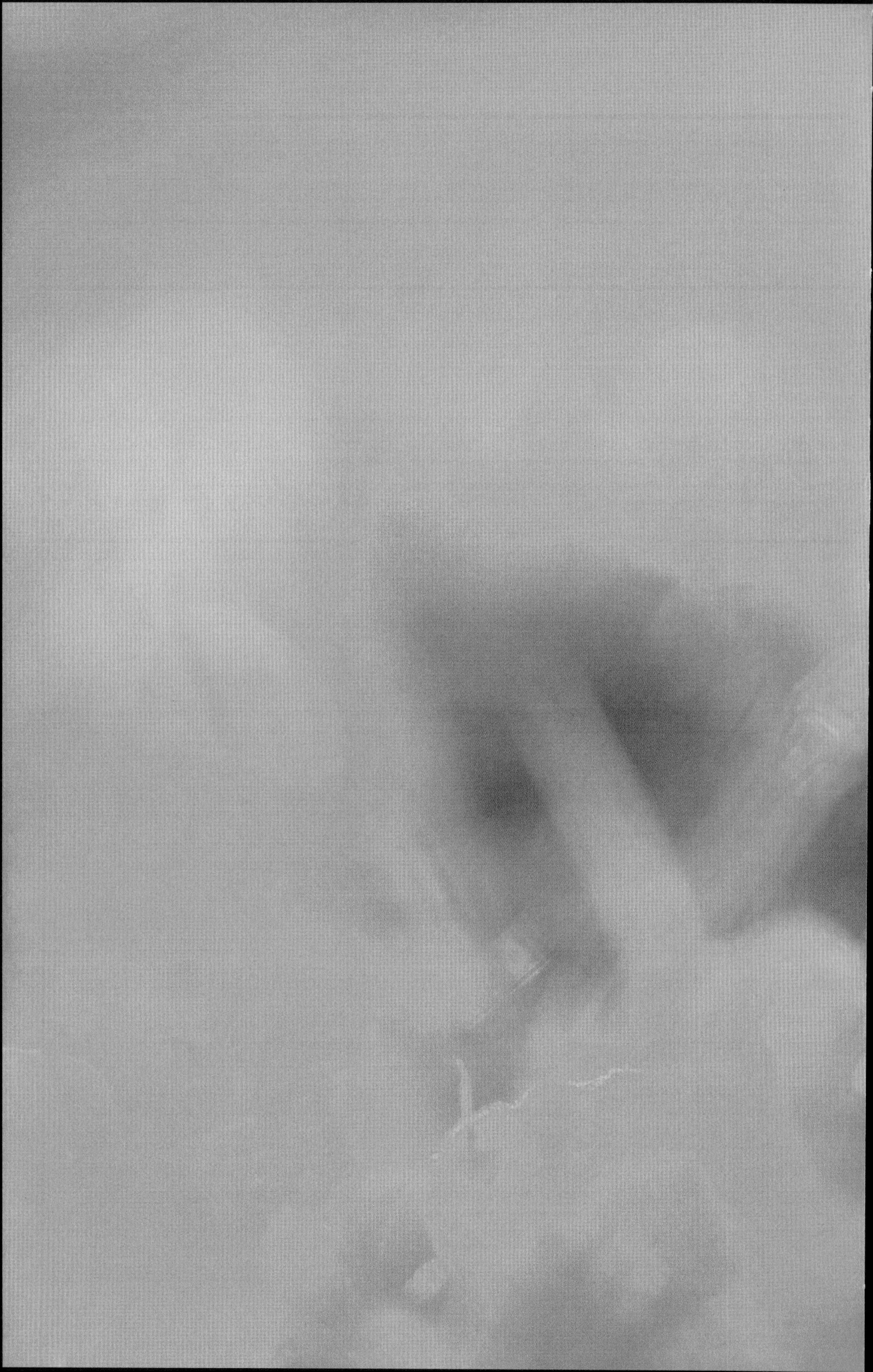

OBJECTIF À BASCULE

L'objectif à bascule sera le dernier à venir compléter ce tour d'horizon des différentes optiques utilisables en photo botanique. S'il est coutume de garder le meilleur pour la fin, nous dérogerons ici à la règle, l'objectif idéal pour immortaliser les fleurs étant selon moi l'objectif macro.

Cependant, si vous recherchez des effets pour le moins surprenants, je vous encourage à vous essayer à l'objectif à bascule : nous voici en effet dans le seul cas où la profondeur de champ ne s'étendra pas nécessairement dans un plan parallèle à celui du capteur.

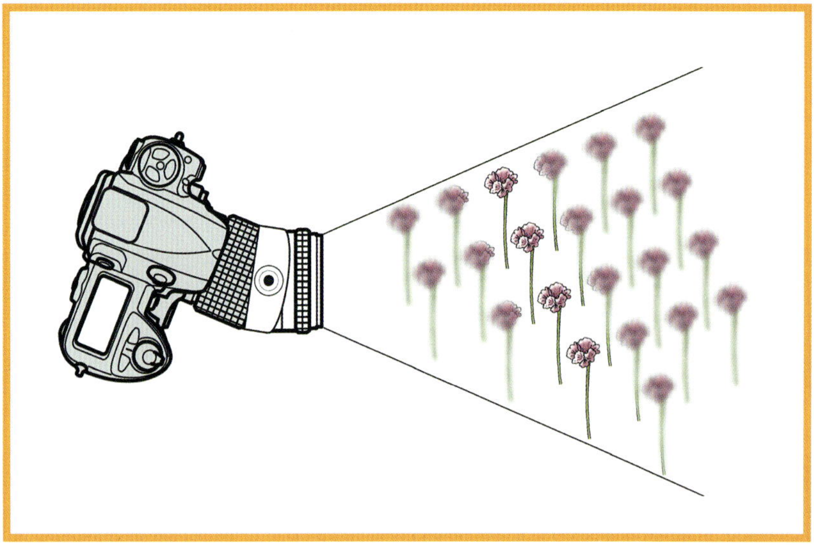

Construction

L'objectif à bascule est articulé, et permet de ce fait le contrôle de l'orientation de ses lentilles, dans un plan non parallèle à celui de la surface du capteur. Bien évidemment, sous l'effet de cette inclinaison, la netteté ne peut se faire que sous certaines conditions, énoncées par la loi de Scheimpflug, qui décrit l'orientation du plan de mise au point d'un système optique. Si le plan A est le plan du capteur, le plan B celui de la lentille frontale et C celui du sujet, la loi s'énonce de la manière suivante : « Barbant, lorsque l'un des trois plans A, B ou C est incliné, barbant, la netteté est assurée sur toute la surface du sujet, barbant, si, et seulement si, les plans se coupent en une même droite, barbant. »
Barbant, mais indispensable à appliquer, sans quoi vous n'obtiendrez pas le résultat escompté, et seule la partie du sujet située au plan concourant à A et B apparaîtra nette sur la photo.

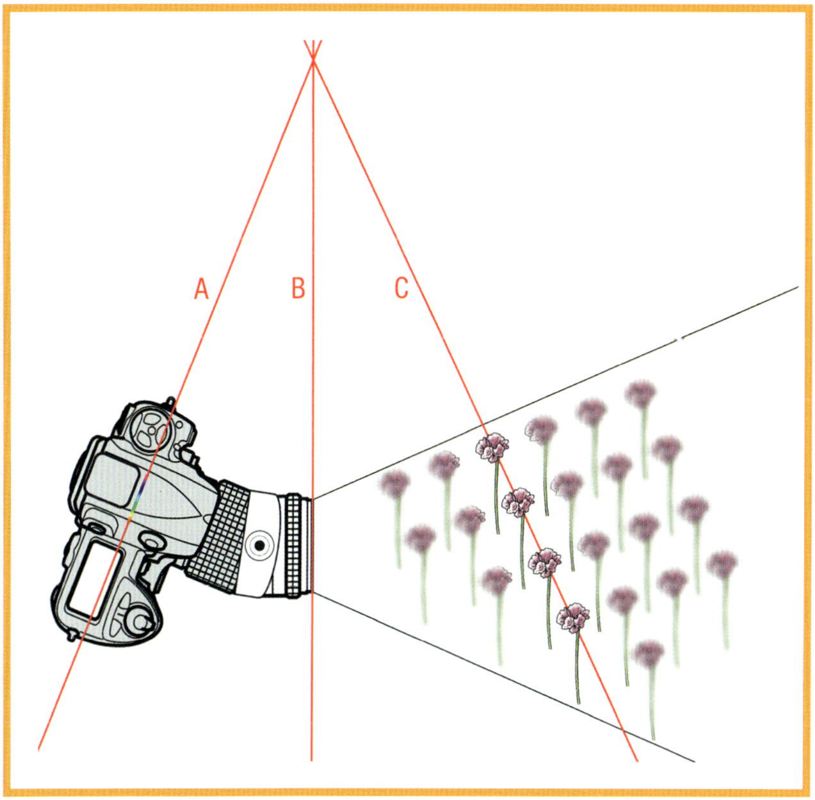

de recommencer la procédure : rageant, non ? Quand vous aurez finalement réglé l'ensemble pour réaliser une photo répondant à vos attentes, et pour peu que vous ayez lu les lignes précédentes avant de vous lancer dans l'aventure de la bascule, vous ne devriez pas être étonné par la profondeur de champ particulière qui s'étend sur votre image. En revanche, vous devriez être surpris par l'effet que crée cette zone de netteté non parallèle au plan de la prise de vue : on a parfois l'impression d'avoir devant les yeux une reproduction miniaturisée de la réalité, et pas la vision d'une scène grandeur nature (effet d'autant plus flagrant que le sujet est éloigné). Ce phénomène, autrement nommé « miniaturisation » ou « Tilt-Shift », est particulièrement saisissant dans le cadre de prises de vue aériennes d'autoroutes ou de chantiers, environnements « humains » qui se transforment subitement en un monde de jouets peuplé de lilliputiens. L'effet est moins saisissant pour les plans rapprochés, mais vous pourrez tout de même réaliser des clichés possédant un impact visuel fort : sujets nets bien que situés sur des plans différents, fleur nette mais pas sa tige, etc.

Exemples de focales

Les constructeurs ne proposent généralement que peu d'objectifs à bascule dans leur gamme optique, trois ou quatre au grand maximum, dont les focales s'étendent du grand-angle au petit téléobjectif. Les plus fréquentes sont les suivantes : 17 mm, 24 mm, 45 mm, 50 mm et 90 mm. Notez que si vous décidez de ne pas orienter leurs lentilles, les objectifs à bascule s'utilisent et se comportent exactement comme des objectifs fixes de même focale.

Utilisation

Vous l'aurez compris : à objectif particulier, utilisation particulière ! Car il faut bien penser à respecter la loi dictée par l'ami Scheimpflug lors de la prise de vue : d'abord faire la mise au point sur la partie la plus proche du sujet, puis régler la bascule de manière à placer le point le plus éloigné sur le plan de netteté. Quand ce miracle s'accomplit, vous avez généralement perdu la netteté sur le premier point et vous êtes contraint

Astéracée sp.
Canon 20D
90 mm
f/2.8
1/50 s
ISO 400

Canon 5D Mark II
90 mm
f/3.5
1/400 s
ISO 100

Astéracée sp.
Canon 5D Mark II
90 mm
f/4
1/200 s
ISO 400

Delphinium sp.
Dauphinelle sp.
Canon 5D Mark II
90 mm
f/2.8
1/200 s
ISO 400

Canon 5D Mark II
90 mm
f/3.5
1/1000 s
ISO 100

LES BOÎTIERS

SMARTPHONES

Parler de smartphone dans un livre dédié à la technique photo… de qui se moque-t-on ? Qu'on le veuille ou non, les smartphones font désormais partie intégrante de notre quotidien, et comme ils sont pour la plupart équipés d'un objectif, ils grignotent peu à peu des parts de marché, au point de figurer comme l'outil de prédilection pour réaliser des photos.

En ouverture :
***Geranium cinereum* sp.**
Géranium cendré sp.
Canon IXUS 95 IS
6 mm
f/2.8
1/160 s
ISO 800

Spécificités

Le smartphone ne présente de prime abord que des avantages : un prix attractif (non, je plaisante), une extrême compacité, une facilité d'utilisation qui frôle l'indécence et une grande disponibilité (toujours présent au fond de la poche).

Et ce n'est pas d'un point de vue technologique que le bât blesse : les constructeurs concentrent actuellement toute leur attention sur la recherche et le développement de capteurs et d'optiques, respectivement toujours plus performants et plus lumineux, et force est de constater que ceux qui équipent nos portables sont généralement de bonne facture.

Les objectifs installés sur les smartphones sont des focales fixes, généralement grand-angle (30 mm en équivalent 24 × 36) et très lumineux (f/2.8 ou moins). Si ces caractéristiques ne vous conviennent pas, des solutions additionnelles sont disponibles sur le marché : vous pourrez ainsi parer votre appareil d'un objectif macro, d'un grand-angle ou d'un téléobjectif, optiques qui viendront généralement se fixer par aimantation ou « clipsage » sur l'armature de votre téléphone. La qualité résultante est revue à la baisse comparativement à une utilisation normale de votre smartphone (normal, on ajoute des éléments optiques), mais reste acceptable.

Enfin, tout dans l'interface utilisateur est fait pour faciliter le maniement de cet appareil : un bouton pour déclencher, un autre pour activer ou non le flash et quelques options permettant d'ajouter des effets ou créer des prises de vue spécifiques (HDR, panoramique) figurent sur le panneau de contrôle. Le néophyte pourra vraisemblablement se satisfaire d'une interface aussi épurée, mais l'amateur éclairé n'est pas oublié pour autant.

Car ce qui fait la force d'un smartphone, et cela vaut pour d'autres domaines que la photographie, c'est avant tout la richesse et la diversité des applications qu'il est possible de télécharger et d'installer, soit pour simplement ajouter des fonctionnalités non présentes nativement, soit au contraire pour en affiner d'autres. Les boutiques regorgent de petites applications, gratuites ou non, qui vous permettront d'accéder au réglage de la balance des

Iris germanica
iPhone 4s
6 mm
f/2.4
1/120 s
ISO 100

blancs, à la sélection de la mesure d'exposition, à la visualisation de l'histogramme d'une photo, à l'activation d'un retardateur ou encore au paramétrage de la qualité d'enregistrement de votre fichier. Je n'ai par contre pas réussi à trouver une application permettant le contrôle de la valeur de l'ouverture du diaphragme (ce qui tombe sous le sens puisque les ouvertures sont visiblement fixes sur la plupart des modèles), et le mode Tv n'est quasiment jamais natif.

Utilisation pour la photo botanique

Dans la pratique, l'absence d'un mode Av (et la profondeur de champ équivalente) ou Tv et l'autofocus peu performant risquent de vous exposer à quelques petits soucis. En effet :

– Sans mode Av, vous n'avez aucun moyen de jouer sur l'ouverture et donc de choisir votre profondeur de champ… au passage, souvenez-vous que nous avions précisé dans un chapitre précédent que celle-ci était d'autant plus étendue que le capteur était petit. Au même titre que l'on parle de focale équivalente pour exprimer la réduction de l'angle de champ lié à l'utilisation d'un petit capteur, on parle d'ouverture équivalente pour exprimer la profondeur de champ induite par l'utilisation d'un capteur plus petit (en fait, plus qu'à la taille du capteur, cette augmentation de profondeur de champ est surtout liée à l'utilisation de focales très courtes sur les smartphones et les compacts, permettant ainsi de cadrer comme avec les capteurs plus gros). Donc, même si en termes de luminosité on reste bien sur la valeur affichée sur l'appareil (f/2.8), en termes de profondeur de champ on se rapproche de f/20, ce qui est colossal… et donc parfait si vous êtes friand de zones de netteté étendues. En revanche, dans ces conditions, il devient délicat d'isoler son sujet de son environnement (notez cependant qu'il existe des applications permettant de simuler artificiellement, avec plus ou moins de réussite, les effets d'une faible ouverture). Une solution

Fleur de nénuphar
iPhone 4s
6 mm
f/2.4
1/442 s
ISO 50

Bleuet
iPhone 4s
6 mm
f/2.4
1/546 s
ISO 50

possible consiste à se placer en franche contre-plongée pour ne faire figurer sur le cliché que la plante ou la fleur, sur le fond bleu du ciel.
– Sans mode Tv, pas de contrôle du temps de pose… mais pas de panique, car si ce mode est rarement natif sur les smartphones, vous devriez facilement trouver une application permettant d'accéder à ce paramétrage. À vous les effets de filé !
– L'autofocus est quant à lui réellement problématique : d'une lenteur poussive et quasiment inapte à « accrocher » une plante disséminée au milieu d'autres (notamment s'il s'agit d'un bleuet – ne me demandez pas pourquoi, c'est une simple constatation), il risque de vous obliger à multiplier les prises de vue pour obtenir un cliché répondant à vos attentes… surtout si le vent s'en mêle ! Et pas de solution miracle ici, prenez simplement votre mal en patience. En revanche, la bonne luminosité de l'objectif et sa faible focale devraient vous permettre de réaliser de superbes panoramas de parterres floraux (ou des plans rapprochés faisant apparaître l'environnement immédiat de la fleur), même si les conditions lumineuses sont difficiles. De plus, la résolution des smartphones actuels (généralement 8 mégapixels) offre suffisamment de matière pour recadrer si le besoin s'en fait sentir, ou pour effectuer des agrandissements de ses tirages avec une qualité satisfaisante.

COMPACTS

Rendons-nous à l'évidence, malgré de réelles qualités, le smartphone ne fait pas (encore) l'unanimité chez les puristes : moi le premier, au même titre qu'il ne me viendrait pas à l'idée de dire que je vais au restaurant quand d'aventure j'échoue dans un fast-food, je n'ai pas le réflexe de considérer que je possède un appareil photo sur moi si je ne suis équipé que de mon smartphone.

En revanche, porter un compact me conforte dans l'idée que je pourrai faire face à toute situation photographique. Je reconnais volontiers que rares sont les cas de figure où celui-ci aurait mis mon smartphone en défaut, mais nous allons tout de même voir que le compact possède une petite longueur d'avance sur son jeune frère.

Spécificités

La compacité mise à part, le compact numérique possède bien des atouts par rapport au smartphone en termes de photo pure. En premier lieu, tout compact récent est équipé d'un zoom optique et non numérique (enfin, numérique aussi, mais pas seulement). Un zoom est dit optique s'il correspond à un changement de focale, donc à un déplacement physique de lentilles au sein de l'objectif. Le zoom numérique, quant à lui, est au zoom ce que la bière sans alcool est à la bière : une pâle copie, un honteux substitut, un vulgaire ersatz ! Imaginez qu'en position de zoom numérique, votre appareil se contente de recadrer l'image et de l'étirer artificiellement jusqu'à ce qu'elle atteigne la taille de l'écran : la qualité de l'image résultante en pâtit donc fortement. Ce mode de zoom est le seul proposé actuellement par les smartphones, à l'inverse des compacts, qui offrent généralement les deux : d'abord un zoom optique jusqu'aux focales extrêmes, puis un zoom numérique pour aller encore plus loin.

Heliopsis helianthoides
Canon IXUS 95 IS
6 mm
f/8
1/320 s
ISO 80

Le compact est également plus réactif : d'une part, vous êtes prêt à faire des photos bien plus rapidement qu'avec votre smartphone (« Mais où est donc l'application « appareil photo » ? Ah ! la voilà… trop tard ! »), et, d'autre part, l'autofocus, sans être un foudre de guerre, est plus performant.
Et la prise en main alors ? Eh bien, parlons-en ! J'ai sans doute de sérieux problèmes de coordination, mais il m'est absolument impossible de prendre une photo avec un smartphone d'une seule main. Force est de constater que les compacts quant à eux possèdent généralement un décrochement dans leur armature qui permet à toute (petite) main de saisir l'ensemble solidement, autorisant ainsi votre autre main à s'adonner à des activités annexes (maintenir une fleur dans l'axe de la prise de vue, utiliser un accessoire, se gratter le nez, etc.).
Si la visée se fait généralement par le biais de l'écran situé au dos de l'appareil, certains appareils irréductibles conservent un viseur optique : contrairement au système de miroirs qu'adoptent les reflex pour avoir une vue directe dans l'objectif, celui des compacts est un simple orifice qui traverse l'appareil de part en part. Dans ces conditions, il est évident que ce que vous voyez dans le viseur est une vision décalée de ce qui passera par l'objectif et donc s'affichera sur la photo finale… dès lors, ce type de viseur ne présente guère d'intérêt (il tend d'ailleurs à disparaître), si ce n'est dans des

Dahlia pinnata
Canon IXUS 95 IS
6 mm
f/8
1/250 s
ISO 80

Surfina
Canon IXUS 95 IS
6 mm
f/2.8
1/320 s
ISO 80

conditions d'extrême luminosité où la visée à l'écran devient délicate. Enfin, j'éviterai d'aborder le fâcheux sujet de l'autonomie, de peur de salir un peu plus la réputation des smartphones, qui n'en ont à ce stade pas besoin. Et est-il vraiment nécessaire de comparer les prix des téléphones portables avec ceux des compacts numériques ? Je ne le pense pas non plus.

Tout n'est pourtant pas à jeter et certaines idées sont bonnes à prendre chez la « concurrence » : ainsi, les compacts empruntent de plus en plus fréquemment aux smartphones leurs fonctionnalités liées à la « connectivité ». Il est donc possible sur les compacts dernier cri de géolocaliser ses photos (pratique pour la photo de plantes, dont certaines espèces ne se rencontrent qu'en des lieux bien précis) et d'envoyer ses clichés via wifi.

Pas si étonnant finalement que trois Français sur quatre possèdent un appareil compact numérique en complément de leur smartphone. Le compact revient même à la mode, et se décline en différents modèles, chacun destiné à une cible précise : les compacts « bijoux », au design élégant mais dépourvus d'options de prise de vue avancées (pour frimer en soirée donc), les compacts « tout-terrain », pour les activités extrêmes, possédant généralement des joints étanches et une armature antichoc, les compacts « experts », dont l'ergonomie est calquée sur celle des reflex, etc.

Utilisation pour la photo botanique

Comme il est équipé d'un zoom, le compact peut facilement s'adapter à toutes les situations : fleurs éloignées, plantes proches, plans serrés, vue d'ensemble, etc. De plus, la majorité des compacts actuels possèdent un mode dit « macro » qui permet des prises de vue bien plus proches de votre sujet qu'en mode normal. Cette option est généralement symbolisée par une petite fleur, et s'active par une simple sélection dans le menu des réglages de l'appareil. Je vous l'accorde, avec un reflex, on peut également s'essayer à toutes les prises de vue décrites plus haut… mais le compact possède un atout non négligeable : son écran orientable (même si de rares reflex en sont équipés), qui va vous permettre de réaliser des clichés qu'aucun reflex ne saurait égaler, comme les vues en contre-plongée prises au ras du sol (dans des conditions décentes, contrairement au smartphone).

L'effet obtenu, qui donne l'impression d'avoir été réduit à la taille d'un insecte, est généralement saisissant, mais attention tout de même : dans le cas où ces prises de vue seraient réalisées à bout de bras, l'instabilité de la position adoptée vous expose au flou de bougé. Si la situation le permet, n'hésitez pas à vous allonger. Les compacts sont également plus tolérants à la montée en sensibilité (toute proportion gardée : rien à voir

Platicodon grandiflorus
Canon IXUS 95 IS
6 mm
f/2.8
1/200 s
ISO 80

Anthemis arvensis
Canon IXUS 95 IS
6 mm
f/2.8
1/320 s
ISO 80

avec les reflex par exemple), et vous devriez pouvoir aisément atteindre les 800 ISO sans trop ressentir la présence de bruit numérique, si votre appareil est assez récent. De quoi rester sur le terrain quelques précieuses minutes de plus quand la nuit vient à tomber.
La résolution des capteurs des compacts est supérieure à celle des smartphones : de 8 mégapixels pour les plus perfectionnés de ces derniers, elle oscille autour des 14 à 18 mégapixels pour les compacts. Non pas que je sois partisan de la course aux pixels, qui se multiplient sur des surfaces de capteur identiques, diminuant par la même occasion la taille des photosites (s'ensuit souvent une perte de dynamique et une augmentation du bruit), mais il est toujours confortable de se dire qu'un cadrage pourra être affiné en post-traitement si le besoin s'en fait sentir… ou au contraire qu'une photo réussie pourra faire l'objet d'un tirage géant.
Enfin, et tout comme sur les smartphones, qui dit petit capteur dit petite focale et donc profondeur de champ très étendue. Sans répéter ce que je vous avais présenté dans le chapitre précédent, sachez que cette caractéristique peut parfois sauver vos photos ! Imaginez qu'au moment d'immortaliser votre plante préférée, vous décaliez inconsciemment votre appareil de quelques millimètres, imperceptibles sur l'écran de visée : le plan de mise au point n'est plus le bon et la photo est vouée à l'échec… Non, car la profondeur de champ étendue induite par la taille réduite de votre capteur (mais surtout par la focale… je n'insiste pas, vous avez compris) risque bien de couvrir le plan de mise au point « avant décalage », sauvant ainsi votre cliché d'un destin tragique.

BRIDGES

Est-il vraiment nécessaire de dédier un chapitre au bridge ? C'est la question que vous devez actuellement vous poser si vous savez ce qu'est un bridge. Si en revanche vous l'ignorez, vous êtes en droit de ne pas vous interroger à ce sujet. Et du coup, la rédaction de ce chapitre prend tout son sens… n'insistez pas, vous m'avez convaincu.

Commençons par le commencement : qu'est-ce qu'un bridge quand il ne s'agit pas d'un engin de torture placé de force dans votre bouche par un praticien peu scrupuleux ? Comme son nom l'indique, le bridge (« pont » en anglais) joue le rôle d'intermédiaire entre le monde des compacts et celui des reflex. Nous allons voir que ce n'est pas tout à fait vrai, et que cette présentation simpliste relève plus de l'accroche marketing que d'une réalité avérée.

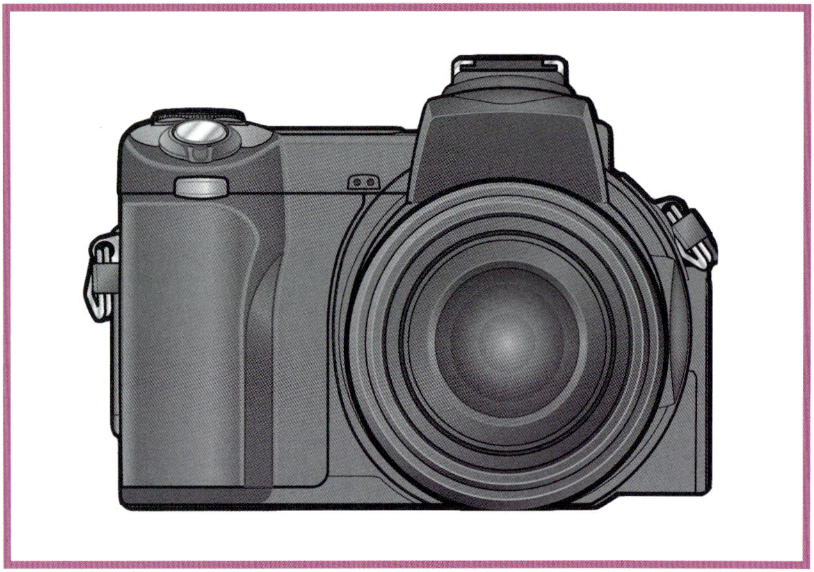

Spécificités

De prime abord, le bridge semble avoir beaucoup de points communs avec le compact : il est moins encombrant qu'un reflex (mais reste plus imposant qu'un compact), est équipé d'un zoom et possède un écran qui semble être dédié à la visée, aux réglages de prise de vue et à la consultation des clichés obtenus. Nous sommes d'accord.
En revanche, vous remarquerez que contrairement au réticule de visée du compact, celui du bridge ne traverse pas l'appareil de part en part : serions-nous en présence d'une visée reflex ? et pour un prix à peine supérieur à celui d'un compact ? J'achète !
Mais non, vous n'achetez pas. Pas pour cet argument en tout cas. Car la visée en question n'est pas optique (vous ne voyez pas à travers l'objectif par un système de miroirs), mais… numérique ! Autrement dit, on prend ce qu'il y a à l'écran, et on le réduit à la taille du viseur. Point positif : la photo sera similaire en tout point à ce que l'on voit dans le viseur, et de plus, les économies en énergie par rapport à la visée « écran » sont considérables. Point négatif : ce système de visée est illisible et « oculairement » usant au possible… essayez de regarder

Canon PowerShot SX50 HS
215 mm
f/6.5
1/50 s
ISO 80

un programme sur votre vieille télévision cathodique en collant votre nez sur la dalle et vous aurez une idée assez fidèle de ce qui vous attend si par malheur vous plongez votre regard dans le viseur d'un bridge (l'auteur se laisse parfois aller à de légères exagérations).
Les capteurs équipant les bridges sont généralement de taille comparable à ceux équipant les compacts, même si certains modèles proposent des capteurs légèrement plus grands.
À ce stade, vous êtes certainement en train de vous dire : « Capteurs similaires, visées similaires… pourquoi préférer un bridge à un compact, à part la satisfaction de payer plus cher pour avoir la même chose ? » La réponse à cette question tient en un mot : « l'optique ». Car ce qui fait la force des bridges, c'est avant tout un objectif lumineux de qualité optique souvent excellente sur toute la plage focale, allié à un zoom surpuissant (certains modèles disposent d'un grossissement de 50 × : de quoi passer du très grand-angle au supertéléobjectif).
On franchit encore un palier concernant la réactivité : sans égaler celle du reflex, elle est généralement supérieure à celle des compacts, tant au niveau du temps d'allumage que de la rapidité de l'autofocus. Le bridge est également plus robuste, et la prise en main est encore meilleure que celle offerte par un compact (une poignée est souvent intégrée dans l'armature, ce qui simplifie la préhension).

Canon PowerShot SX50 HS
188 mm
f/6.5
1/400 s
ISO 80

Coquelicot
Canon PowerShot SX50 HS
198 mm
f/7.1
1/60 s
ISO 80

Utilisation pour la photo botanique

Force est de reconnaître que sur le terrain, le bridge ne se distingue du compact haut de gamme que sur certains points bien particuliers, et, au final, les deux s'utilisent de la même manière. En effet, dans un cas comme dans l'autre, vous aurez accès à l'ensemble des paramètres vous accordant un contrôle minutieux de la profondeur de champ, de la vitesse d'obturation, de la sensibilité, de la mesure d'exposition ou de la balance des blancs. Les deux appareils présentent généralement un écran orientable permettant de réaliser des prises de vue inédites, un mode macro offrant la possibilité de se rapprocher davantage de son sujet pour effectuer un gros plan, un capteur suffisamment fourni en pixels pour s'autoriser un cadrage raté sans crainte d'avoir à refaire son cliché, et un zoom grand-angle/téléobjectif grâce auquel vous pourrez vous adapter à chaque situation qui se présentera à vous. En revanche, c'est sans doute le système de mise au point de certains bridges qui pourrait faire basculer la balance en leur faveur : pour quelques modèles, celui-ci est en effet calqué sur celui des reflex. De ce fait, ces appareils arborent fièrement une bague de zooming (pour pouvoir ajuster manuellement la focale), mais surtout une bague de mise au point, permettant de passer outre

Bleuet
Canon PowerShot SX50 HS
215 mm
f/7.1
1/50 s
ISO 80

leur autofocus souvent pénible d'utilisation. Imaginez que pour une raison qui vous est personnelle, vous souhaitiez photographier, et donc mettre en valeur, une plante terne perdue au milieu de fleurs très contrastées. L'autofocus de l'appareil, programmé pour détecter en priorité les zones de fort contraste, risque bien de vous faire amèrement regretter votre entreprise : il peinera à retrouver votre plante parmi ce déluge de couleurs, de formes et d'écarts de luminosité… vous contraignant parfois à tout simplement abdiquer. Avec une mise au point manuelle, réaliser cette photo devient possible.

Dernier détail notable, les bridges possédant des capteurs plus gros gèrent généralement mieux les augmentations de sensibilité, et l'apparition de bruit électronique est alors limitée. Rien de révolutionnaire par rapport à un compact, entendons-nous bien, mais il suffit parfois d'un petit rien pour changer le cours des choses et réussir une photo grâce à quelques centaines d'ISO supplémentaires.

Canon PowerShot SX50 HS
198 mm
f/6.5
1/40 s
ISO 80

REFLEX ET HYBRIDES

Essayons-nous ici à un exercice de style délicat : ne pas être dithyrambique à l'évocation de ce dernier type de boîtier, mais au contraire de pointer du doigt tous les odieux défauts qu'il présente. Autant vous avertir de suite, la tâche s'avère compliquée, tant le reflex s'impose comme l'arme absolue en matière de photographie.

Savez-vous d'ailleurs d'où le reflex tire son nom ? L'appellation vient de l'abréviation du mot anglais *reflection*, faisant référence au parcours de la lumière dans l'objectif, réfléchie par plusieurs miroirs pour finalement parvenir jusqu'au viseur. D'aucuns penseront certainement qu'il serait plus logique que le mot provienne de l'abréviation du mot français « réflexion », puisque les orthographes sont similaires, mais il n'en est rien.

Spécificités

Qu'est-ce qui fait qu'un reflex est un reflex ? À mon sens, trois éléments : son capteur, son système de visée et ses objectifs interchangeables. Nul besoin d'épiloguer sur le capteur, auquel nous avons dédié un chapitre ; retenez simplement que celui qui équipe les reflex est plus grand, d'où l'implantation de photosites plus gros, qui peuvent donc capter plus de lumière sans saturer, et rendent l'appareil plus tolérant aux forts écarts de luminosité tout en lui offrant la possibilité de monter (très haut) en sensibilité sans afficher d'artefacts. Vous le savez désormais, quand vous plongez votre regard dans le réticule de visée d'un reflex, l'image que vous y voyez est très exactement celle qui passe par l'objectif… toutes mes félicitations ! vous semblez avoir assimilé les notions qui précèdent. Mais ceci est bien évidemment totalement faux, puisque l'image qui arrive sur le capteur est une vision inversée de la réalité (haut et bas, droite et gauche), que le capteur se charge de remettre dans le bon sens. On est donc dès lors en droit de se demander par quel miracle cette image inversée revient-elle subitement à l'endroit dans le réticule de visée… Car en utilisant un simple miroir en plus de celui situé en bout d'objectif, la lumière remonterait effectivement jusqu'au viseur… mais l'image resterait inversée. L'astuce est d'utiliser un miroir à cinq côtés, ou pentaprisme.

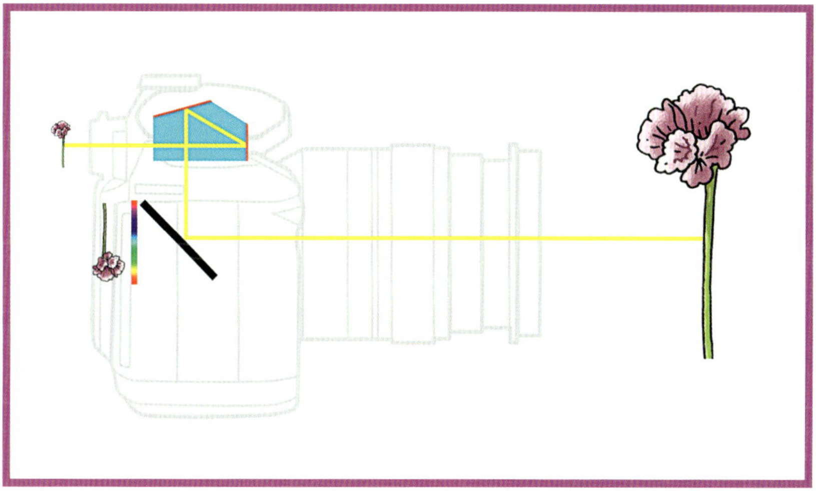

Au moment de déclencher, le miroir situé en bout d'objectif se soulève pour dévoiler le capteur : la lumière n'arrive donc plus jusqu'au viseur, et la scène n'est plus visible pendant toute la durée de la vitesse d'obturation. C'est problématique (souvenez-vous, j'essaie tant bien que mal de trouver des défauts à ce type d'appareil). Pire que tout : le miroir bascule généralement avec fracas, générant par la même occasion des vibrations pouvant conduire à un flou de bougé ou même vous faire tomber à la renverse (cas relativement rare, je vous l'accorde).

Et que serait un reflex sans sa baïonnette, qui lui permet de s'adjoindre à loisir un large panel d'objectifs, vous offrant ainsi la possibilité de vous essayer à tous types de prises de vue ? C'est d'ailleurs bien là la différence avec les émergeants « compacts à objectifs interchangeables », qui, bien qu'équipés d'une baïonnette destinée à l'échange d'objectifs, ne proposent pas de gamme optique très étendue, qui couvrirait tous les domaines d'application de la photographie… mais vous devriez tout de même trouver votre bonheur dans le cadre de la photo de plantes.

Les objectifs destinés aux reflex sont souvent moins polyvalents que ceux qui équipent les bridges ou les compacts (plage de focales moins étendue ou pas étendue du tout dans le cas de focales fixes), mais leur qualité optique et leur luminosité sont généralement superlatives.

Tout n'est pourtant pas rose, et ce type de boîtier présente un réel problème, inhérent à l'amovibilité des optiques : pendant le changement d'objectif, votre capteur se retrouve à l'air libre et devient donc fortement exposé aux poussières. Une fois celles-ci fixées, elles génèrent des taches sur la photo finale, d'autant plus nettes que l'ouverture du diaphragme est petite. Il convient donc d'être prudent et rapide quand on passe d'un objectif à un autre, et de faire nettoyer son capteur régulièrement.

En termes de réactivité, le reflex mettra tout le monde d'accord puisqu'il est tout simplement inégalé : instantanément disponible dès l'allumage, la rapidité de son autofocus (et d'autant plus si l'objectif est équipé d'un moteur performant) vous rappellera avec amertume tout ce temps que vous avez perdu à effectuer des mises au point sur votre compact ou votre bridge.

Reconnaissons par contre que le reflex est lourd, encombrant et cher comparé au compact ou au bridge, et ne permet pas de recevoir d'appels, contrairement au smartphone. Si ces quatre critères ne sont pas déterminants pour vous, vous aurez tout à gagner à franchir le pas et à investir dans la Rolls des appareils photo numériques.

Échinacée pourpre
Canon 5D Mark II
300 mm
f/4
1/320 s
ISO 200

Utilisation pour la photo botanique

Gros capteur oblige, les profondeurs de champ courtes, que vous peiniez à obtenir avec vos smartphones, compacts et bridges, vous sont désormais pleinement accessibles. Il vous devient dès lors possible d'isoler votre fleur ou plante grâce à un subtil flou d'arrière-plan… ou au contraire de recourir à une zone de netteté étendue pour mettre en valeur un maximum de sujets. Restons dans le thème du capteur et abordons sa grande plage dynamique, qui vous permettra de réaliser des photos dans des conditions de lumière difficiles, notamment les contre-jours. Ce type de photo fait généralement apparaître le sujet en ombres chinoises sur les capteurs peu tolérants des bridges ou des compacts. Équipé d'un reflex, vous devriez, d'une part, pouvoir afficher les contours de votre fleur et, d'autre part, révéler les détails des parties situées à contre-jour, tout en gardant une exposition correcte pour votre arrière-plan. De plus, les sensibilités délirantes que présentent les appareils haut de gamme actuels (photos exploitables à plus de 10 000 ISO) vous autoriseront à largement diminuer la vitesse d'obturation et ainsi vous éviter un flou de bougé quand la lumière vient à manquer (en forêt, par exemple, les conditions lumineuses sont généralement moins favorables

Astéracée sp.
Canon 5D Mark II
90 mm
f/2.8
1/160 s
ISO 400

qu'en prairie), ou au contraire prolonger la durée de vos séances photo jusqu'à la tombée de la nuit (il m'est arrivé de réussir des clichés alors que je distinguais à peine la fleur que je tentais de photographier). En outre, ces derniers possèdent généralement une résolution supérieure à celle des appareils constituant « la concurrence » (plus de 20 mégapixels pour certains modèles). Associée à une bonne gestion du bruit, elle vous offrira la possibilité de recadrer vos photos à outrance, car si les compacts et bridges affichent eux aussi de bonnes résolutions, il n'est pas rare qu'une photo « raisonnablement » bruitée avant recadrage laisse apparaître un grain peu agréable une fois « croppée » (en recadrant, les détails, même disgracieux, sont mis en exergue). Enfin, le reflex est le seul boîtier à accepter toutes les optiques décrites dans le chapitre précédent, et notamment l'objectif à bascule et l'objectif macro, qui ouvrent de nouveaux horizons en termes de créativité, en offrant une vision différente et non « naturelle » de la répartition de la profondeur de champ dans un cas, et en révélant au grand jour des détails invisibles à l'œil dans l'autre cas. Et bien sûr, toutes ces optiques possèdent la fameuse bague de mise au point vous permettant de vous affranchir de l'utilisation de l'autofocus, certes performant, mais mis en défaut dans de rares cas.

Canon 5D Mark II
100 mm
f/2.8
1/250 s
ISO 640

Fuchsia sp.
Canon 5D Mark
100 mm
f/2.8
1/250 s
ISO 200

Geranium pratense
Canon 5D Mark II
300 mm
f/4
1/320 s
ISO 100

Polemonium caeruleum
Valériane grecque
Canon 20D
300 mm
f/4
1/200 s
ISO 100

BOÎTE À OUTILS

STABILISATION

En photographie, on minimise souvent l'importance des accessoires, d'autant que l'achat du boîtier et de l'objectif ayant déjà entraîné l'hypothèque de son lieu de résidence, on se jure de ne plus jamais dépenser un centime pour cette passion.

Pourtant, ces outils, qu'ils soient matériels ou logiciels, sont souvent peu onéreux et risquent bien de vous rendre de fiers services une fois sur le terrain. Laissez-moi vous en convaincre en abordant dans un premier temps le délicat sujet de la stabilisation, qui n'a d'autre but que celui de vous éviter cette pathologie dramatique à laquelle s'expose tout cliché privé de lumière… le flou de bougé !

Trépied, monopode et rotule

Choisir son trépied

Souvenons-nous au passage que le flou de bougé est provoqué par l'usage d'une vitesse d'obturation lente, associée à des tremblements du photographe. Vous conviendrez que ces vibrations involontaires, qu'elles soient nerveuses (oui, rater plusieurs dizaines de photos peut provoquer une frustration qui accentuera le phénomène), physiologiques (certaines personnes sont sujettes aux tremblements) ou liées à l'environnement (position de prise de vue inconfortable), peuvent être évitées en vous désolidarisant de votre appareil. Et quel meilleur moyen de parvenir à ce dessein que celui de fixer solidement votre matériel sur un trépied ?
Les utilisations du trépied sont multiples : photographier des objets fixes par faible luminosité, effectuer une pose longue ou vous décharger d'un poids non négligeable.

Lorsque j'ai la chance de participer à des festivals photo, on me demande souvent ce que je pense de l'utilisation du trépied, tantôt d'une aide précieuse dans les situations évoquées plus haut, tantôt encombrant quand le sujet est très mobile. Je voudrais profiter de la possibilité qui m'est offerte pour vous exposer mon point de vue.
Au risque de m'attirer les foudres d'une partie de mes lecteurs, j'ai un avis très tranché sur la question : je ne suis en effet ni pour, ni contre. Ceci étant dit, force est de reconnaître que dans le cadre qui nous intéresse, à savoir la prise de vue de fleurs et de plantes, sujets par définition immobiles (sauf bourrasque), je ne vois aucune raison de se priver d'un tel outil. Mais voilà, comment bien choisir son trépied parmi la foultitude de modèles disponibles ? Voici les critères à considérer avant tout achat :
Le poids. – Avant même de pouvoir utiliser votre trépied, il va falloir le transporter jusqu'au lieu de la prise de vue. Plusieurs types de matériaux se disputent actuellement le marché : l'acier, très lourd, l'aluminium, assez lourd, le basalte, assez léger, et le carbone, plutôt léger. Bien sûr, les matériaux sont d'autant plus chers qu'ils sont légers. Ceci dit, un trépied lourd sera moins fragile et vous fera gagner en stabilité. Je vous conseille personnellement l'aluminium, qui affiche à mon sens le meilleur rapport prix/poids/stabilité.
L'encombrement. – Il sera conditionné par le nombre de sections de pliage de chaque branche : plus celle-ci en comporte et moindre est l'encombrement. Attention toutefois à bien vérifier la qualité des fixations entre les sous-branches. Pour éviter toute surprise, orientez-vous plutôt vers des trépieds de marque (comment ça, ils sont plus chers ?).
La charge supportée. – Notion capitale, si je m'en tiens aux paroles de Guy Lagache. Chaque trépied, selon sa structure et les matériaux qui le composent, admet un poids supporté maximal. Pour déterminer le trépied qu'il vous faut, mettez-vous simplement dans la situation la plus défavorable : appareil muni de sa poignée, objectif le plus lourd, flash,

En ouverture :
Canon 5D Mark II
100 mm
f/3.2
1/320 s
ISO 200

Cyclamen
Canon 5D Mark II
100 mm
f/4
3 s
ISO 100

L'utilisation d'un trépied permet ici de mettre en évidence l'action du vent sur ce cyclamen : à la différence d'un flou de bougé, qui affecte l'ensemble du cliché, le filé ne touche que les parties les plus mobiles. Ici, la base de la tige, moins sensible au vent que son extrémité ou que les pétales, apparaît donc plus nette.

etc. Un trépied ne se change pas ou peu, envisagez donc également l'éventualité d'un remplacement de matériel, plus performant et donc peut-être plus lourd, dans le futur.

La hauteur maximale et minimale. – Tout aussi fondamentale que la charge maximale, elle est à adapter en fonction du type de photo que vous envisagez de faire. Dans le cas présent, les fleurs culminant généralement à des hauteurs peu élevées, un trépied prévu pour une hauteur minimale de travail faible (30 cm ou moins, certains modèles permettant même d'effectuer des prises de vue au niveau du sol) sera tout indiqué. Concernant la hauteur maximale, prévoyez un trépied suffisamment haut pour vous autoriser des photos debout ; comme vous n'utiliserez certainement pas cet accessoire que pour photographier des fleurs, autant viser un modèle polyvalent. La hauteur du trépied une fois replié est également importante pour le transport, mais cette considération est plus à relier à l'encombrement qu'à l'utilisation.

L'utilisation. – Que faire d'un trépied léger, résistant et stable s'il n'est pas pratique d'utilisation ? D'une part, et dans la mesure du possible, essayez votre trépied avant de l'acheter, et chronométrez le temps qu'il vous faut pour le faire passer d'une position à l'autre : je vous l'accorde, il y a peu de chances que votre fleur tente une échappée pendant que vous installez votre matériel, mais plus tôt celui-ci sera en place, plus vite vous pourrez commencer votre séance photo. D'autre part, privilégiez les trépieds à branches indépendantes : ceux qui disposent de pieds solidaires sont généralement peu modulables.

La résistance à l'humidité. – Critère à mon sens secondaire, mais comme il s'agit là du fer de lance actuel des constructeurs, autant l'évoquer ici.

Certains trépieds sont désormais équipés d'un revêtement « *moisture proof* » qui leur permet d'affronter les intempéries sans altérations. Les expositions à l'humidité ne sont à mon avis pas problématiques, pour peu que vous essuyiez et séchiez votre trépied après une exposition prolongée. Si par contre vous comptez photographier essentiellement des nénuphars les pieds dans l'eau, cette option est alors à prendre en considération.

Le prix. – Comme toujours, c'est essentiellement de cet élément que va dépendre votre achat.

La photographie est une passion coûteuse, et l'on se refuse souvent à investir dans les accessoires, tant les boîtiers et les objectifs peuvent être onéreux. C'est à mon avis un tort, car en différant votre achat de quelques mois, voire quelques années, vous pourrez opter pour un matériel de gamme supérieure, disposant d'un meilleur système de serrage (plus performant, plus rapide ou les deux) et offrant une panoplie d'accessoires (sac de rangement, lanières, crochets, etc.) dont vous auriez été privé en choisissant un trépied de qualité moindre.

Choisir son monopode

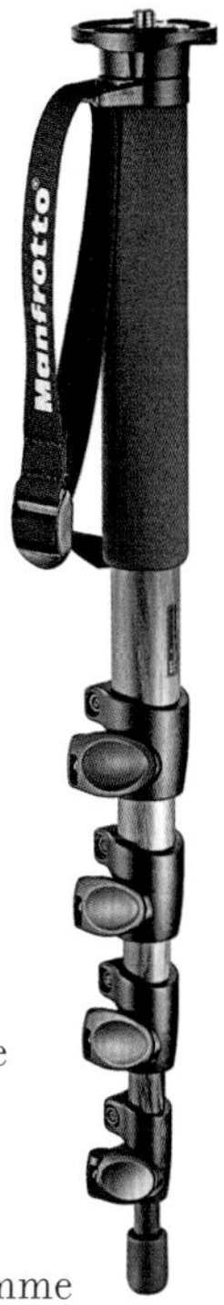

Comment un accessoire par définition non stable pourrait-il nous aider dans notre lutte contre le flou de bougé ?

La stabilisation est tout simplement obtenue, d'une part, en vous soulageant du poids de l'appareil et, d'autre part, par pression du monopode sur le sol : ce type de matériel est certes moins stable qu'un trépied, mais permet tout de même de gagner quelques précieuses millisecondes sur la vitesse d'obturation.

Il peut de plus être utilisé comme un bâton de marche, et donc s'avérer bien pratique sur les chemins escarpés. Notez que certains modèles haut de gamme sont équipés d'un pied à trois branches, le maintenant en position verticale de manière autonome.

Les critères de sélection sont sensiblement les mêmes que ceux du trépied :

Le poids. – Critère moins important que dans le cas du trépied, car toute notion de stabilité liée au poids est ici à écarter. Qui plus est, les monopodes sont généralement assez légers.

Ils sont, à l'instar des trépieds, fabriqués en acier, aluminium, basalte ou carbone.

L'encombrement. – Plutôt secondaire, d'autant qu'il est possible d'utiliser le monopode comme appui pour se déplacer jusqu'au lieu de la prise de vue.

La charge supportée. – Essentielle, tout comme pour le trépied. Car en plus d'avoir à supporter le poids du matériel, le monopode devra également soutenir la pression qu'exercera le photographe. Voyez donc grand sur ce critère quand vous ferez votre choix.

La hauteur maximale et minimale. – Assez similaire à celle proposée par les trépieds, si ce n'est pour ce qui est de la hauteur minimale, qui en tant que telle ne vous permettra pas de réaliser des prises de vue au ras du sol… du moins sans utiliser un accessoire dont je tairai pour l'instant le nom afin de préserver la surprise… (Une rotule, il s'agit d'une rotule !)

L'utilisation. – Difficile de considérer ce critère comme discriminatoire car, quels que soient son prix, son matériau, sa marque, un monopode s'utilisera toujours de la même manière.

La résistance à l'humidité. – Étant particulièrement fier du descriptif que j'ai donné à ce critère au paragraphe précédent, je vous invite à vous y référer.

Le prix. – Malheureusement, et comme pour le trépied, c'est souvent le prix qui fait la qualité. Le système de serrage est ici primordial et doit absolument retenir toute votre attention quand vous devrez effectuer votre choix, car bien souvent les modèles moins onéreux présentent de sérieuses défaillances sur ce point.

Autant on peut se satisfaire d'un manque de rigidité dans le serrage d'un clapet (ou d'une couronne selon les modèles) sur une branche télescopique d'un trépied, en déportant le poids sur les deux autres, autant une telle anomalie peut rendre votre monopode inutilisable.

Choisir sa rotule

Il est évident qu'en fixant directement votre appareil sur votre trépied, ou monopode, via le pas de vis destiné à cet effet, vous privez celui-ci de toute liberté de rotation, et vous vous voyez contraint de déplacer physiquement le trépied pour ajuster votre cadrage. Horreur ! Pour redonner à votre appareil cette liberté de mouvement injustement confisquée, vous allez devoir installer un accessoire, nommé rotule, entre votre boîtier et votre pied (sauf bien sûr si ce dernier dispose d'une rotule intégrée).
Un trépied sans rotule c'est comme la mer sans les vagues, c'est comme les vagues sans l'écume, c'est comme l'écume sans le sel, c'est comme le sel sans le poivre... Vous l'aurez compris, n'achetez pas l'un sans l'autre.
De tous les types de rotule proposés par les fabricants, je n'en retiendrai ici que deux, à mon avis plus adaptés à la photo botanique :
– **la rotule 3D**, qui, comme son nom l'indique, possède trois poignées contrôlant chacune un axe de rotation : une pour l'axe vertical, une autre pour l'axe horizontal et une dernière pour ajuster l'inclinaison du boîtier (par

Rotule 3D

exemple, pour avoir un horizon bien... horizontal justement). D'une grande précision, elle est idéale pour les cadrages millimétriques et peut supporter des charges importantes. Elle est néanmoins assez encombrante et moins adaptée aux prises de vue rapides ;
– **la rotule-ball**, qui ne possède pas de poignée contrôlant chaque axe, mais qui s'articule autour d'une boule : on bloque sa rotation en serrant une ou plusieurs vis. Plus légère que la rotule 3D, elle est également moins encombrante et plus rapide d'utilisation (généralement une seule vis permet de régler les trois axes). Allez, jetons-nous à l'eau : elle obtient mes faveurs pour la photo botanique.

Rotule-ball

Et si vous vous demandez encore comment une rotule peut vous permettre de réaliser des prises de vue au sol avec un monopode, voici la réponse en image : on n'exerce plus une force verticale du haut vers le bas pour obtenir la stabilisation, mais une force latérale, parallèle (ou presque) à l'axe du sol.

Ficelle

Vous délester d'un de vos reins vous a finalement permis d'investir dans un trépied et une rotule dignes de ce nom, et vous voici désormais fin prêt pour affronter les embûches que vous dressera Mère Nature. Mais exceptionnellement, à la faveur d'une indolence hautement assumée, vous décidez un jour de voyager léger et de n'emporter que votre boîtier et son objectif pour votre séance photo. Patatras ! Vous voici bien malgré vous exposé à deux types de problèmes : un manque soudain de lumière et/ou ces maudites fleurs, qui ont la fâcheuse tendance de s'élever à mi-hauteur, vous contraignent à adopter une position inappropriée à toute forme de photographie… le flou de bougé vous guette et vous ragez en pensant à ce beau matériel hors de prix, à l'abri de votre demeure, qui aurait pu vous dépêtrer de cette situation à haut risque. Fort heureusement, et bien vous en a pris, vous aviez pensé à vous équiper d'un morceau de ficelle avant de partir à l'aventure.

Vous enroulez l'une de ses extrémités autour de votre objectif et enfoncez l'autre dans le sol à l'aide de votre pied, de manière que la ficelle soit complètement tendue à hauteur de prise de vue. Dans cette configuration la stabilisation n'est plus obtenue par pression, comme c'était le cas avec le monopode, mais par tension ! D'une efficacité surprenante au vu de l'investissement, reconnaissons que ce système reste moins performant qu'un monopode et donc, à fortiori, qu'un trépied.

Position adaptée

Si maintenant vous avez oublié votre ficelle, il va falloir improviser avec les moyens du bord, en l'occurrence user astucieusement de votre corps pour réduire au minimum les tremblements. La position la plus adaptée pour pallier un manque de stabilité consiste à ramener le bras porteur de l'appareil vers la cage thoracique en calant le coude sur le sternum (quelques notions d'anatomie sont nécessaires). Dans cette position de léger déséquilibre, votre respiration et même vos pulsations cardiaques risquent de générer un décalage de mise au point. L'attitude à adopter consiste alors à retenir son souffle au moment de déclencher, non pas sur une

inspiration, mais sur une expiration, et dans l'idéal entre deux battements de cœur.

Cette technique, que j'ai acquise au péril de ma vie durant mon service militaire (qui par chance n'a duré que le temps d'une journée d'appel), est celle utilisée par les tireurs d'élite.

Si en revanche vous avez l'opportunité d'effectuer votre prise de vue en position allongée, par essence très stable, vous augmenterez vos chances de réussite en enfonçant vos coudes dans le sol, à la manière d'un monopode.

Sans stabilisation

Stabilisation optique

Pour éviter toute discrimination, j'ai tenté de faire en sorte que ce livre s'adresse au plus grand nombre et que chacun, quelles que soient ses origines, sa langue maternelle (si vous comprenez le français, c'est mieux quand même) ou sa couleur de peau, puisse y trouver son bonheur. C'est pourquoi, dans un souci d'équité, je voudrais dédier ce paragraphe à une partie de la population souvent décriée et montrée du doigt : les riches. En effet, certains objectifs souvent hors de prix possèdent un stabilisateur intégré : des capteurs internes mesurent l'amplitude et le sens des mouvements de l'appareil et les compensent par le déplacement opposé d'une lentille mobile située dans l'objectif.
L'avantage de ce type d'objectif est double : d'une part, il permet de compenser les tremblements du photographe et, d'autre part, la visée, elle aussi stabilisée, devient plus confortable et plus facile.
Certains fabricants équipent depuis peu leurs reflex d'un « capteur stabilisé » : comprenez que les capteurs de mouvements font désormais bouger, non plus une lentille mobile, mais le capteur (électronique) lui-même, pour s'adapter à la déviation de la lumière induite par les vibrations du photographe.
Pour les budgets plus modestes, sachez que la plupart des compacts et bridges actuels possèdent également un stabilisateur d'image intégré, d'une efficacité tout à fait remarquable au vu de l'investissement que ces appareils nécessitent.

Stabilisation numérique

Cette option, qui équipe plusieurs compacts et bridges, serait-elle une nouvelle duperie commerciale, au même titre que le zoom numérique ? Oui et non… Oui, car aucun élément, que ce soit les lentilles présentes dans l'objectif ou le capteur lui-même, n'est déplacé pour compenser un mouvement parasite : il n'y a donc pas de stabilisation à proprement parler. Non, car au final, le procédé permet effectivement d'atténuer l'effet de flou de bougé, et ce d'une manière parfaitement sensée : en augmentant simplement la sensibilité de l'image, au profit donc d'une diminution de la vitesse d'obturation. Revers de la médaille, bien évidemment : une augmentation sensible du bruit numérique, d'autant plus marquée que ces petits capteurs supportent difficilement les montées en ISO. Mais souvenez-vous tout de même de ce procédé : en cas de lumière insuffisante, il suffit simplement parfois d'augmenter l'ouverture du diaphragme ou la sensibilité pour obtenir une vitesse d'obturation raisonnable.

Avec stabilisation

Astéracée sp.
Canon 5D Mark II
300 mm
f/4
1/50 s
ISO 100

Dans le cas présent, il m'a donc simplement suffi d'activer le stabilisateur de mon objectif pour résoudre le problème de flou de bougé décrit en début d'ouvrage.

LUMIÈRE

Équipé des accessoires évoqués au chapitre précédent, vous n'êtes désormais plus confronté au problème de lumière, et un manque de clarté entraînera simplement une augmentation de la vitesse d'obturation. Oui, mais… car il y a un mais… deux même !

D'une part, en allongeant le temps de pose, vous ne pourrez plus figer le mouvement… n'espérez donc pas réaliser une photo de fleur « nette » si le vent est de la partie. D'autre part, « avoir suffisamment de lumière » pour exposer correctement une scène ne signifie pas « avoir suffisamment de bonne lumière », et vous allez voir que tous les éclairages ne se valent pas et qu'il va falloir apprendre à dompter la lumière.

Diffuseur et réflecteur

« Dompter la lumière » : la métaphore est intéressante car elle présente la lumière comme un animal sauvage qu'on dresserait pour le forcer à obéir. Considérez-la comme tel, car elle ne vous fera pas de cadeau : pas assez vive, et alors la sous-exposition vous guette, trop vive, et alors c'est la surexposition assurée… assurée, oui, sauf si bien sûr vous utilisez un accessoire pour contenir sa puissance et/ou la redistribuer de manière homogène sur la scène.

Fabriquer son diffuseur

Premier des deux outils présentés ici qui vous permettront de modeler la lumière à votre guise, le diffuseur assure une double fonction : d'une part, atténuer une lumière trop intense et, d'autre part, étaler et mieux répartir la lumière émise par une source peu étendue, voire ponctuelle. Il feint alors l'utilisation d'une source de lumière plus large, et génère de ce fait des ombres moins marquées et des transitions de lumière plus douces. Il se présente généralement sous

1

Voici comment j'ai procédé pour fabriquer le mien à partir d'un bidon de liquide lave-glace, que vous trouverez dans les commerces. Notez que tout autre récipient blanc et translucide conviendra également.

la forme d'une feuille flexible ou d'un embout rigide, de couleur blanche pour éviter de teinter la lumière, et translucide pour ne pas la bloquer totalement.
Il révélera tout son potentiel quand vous tenterez d'immortaliser des plantes à fleurs blanches, comme la plupart des achillées, les anémones des bois ou même plus simplement les pâquerettes : des pétales si clairs, généralement immergés dans un environnement sombre, sont un réel bonheur à exposer (vous l'aurez compris, c'est de l'ironie).
Vous pouvez bien sûr vous offrir l'un des modèles disponibles sur le marché, mais je vous invite plutôt à construire votre propre diffuseur, tout aussi efficace et bien moins onéreux.

2 **Après avoir soigneusement décollé les étiquettes (aidez-vous de dissolvant si besoin), découpez-le de façon à obtenir deux moitiés identiques.**

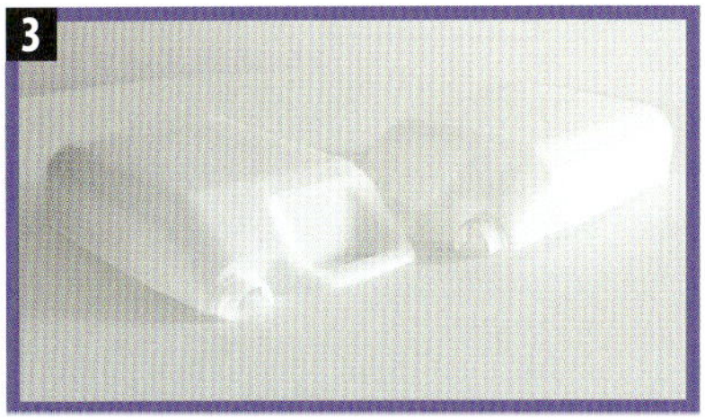

3 **Vos deux diffuseurs sont prêts à l'emploi. Chaque moitié dispose d'une poignée, ce qui facilite la prise en main (dans la suite de l'ouvrage, j'emploierai l'expression « diffuseur poignée » pour désigner cet accessoire).**

Comme vous n'aurez probablement pas besoin de deux diffuseurs, vous allez être tenté de jeter l'un des deux. Surtout pas ! Nous utiliserons le diffuseur surnuméraire dans un montage ultérieur : conservez-le donc précieusement. Voici par ailleurs un exemple d'utilisation de votre nouvel accessoire : si vous possédez un compact ou un bridge, qui doivent normalement pouvoir être manipulés d'une seule main, vous pourrez utiliser votre autre main pour orienter le diffuseur de façon adaptée.

Fabriquer son réflecteur

Tout comme le diffuseur, le réflecteur a pour principale vocation d'éclairer le sujet d'une lumière plus douce que si celle-ci avait été directe. Son mode d'utilisation est en revanche radicalement différent, puisque cet instrument ne s'intercale pas entre la source de lumière et la fleur ou la plante que vous souhaitez photographier, mais se place au contraire de manière à pouvoir réfléchir (d'où son nom) une partie de la lumière qu'il reçoit vers le sujet. L'intérêt est double : premièrement, la lumière ainsi réfléchie est moins dure car légèrement affaiblie par la réflexion sur le support, qui a absorbé une partie de son intensité ; secondement, cet outil permet tout simplement d'amener de la lumière là où il n'y en a pas (particulièrement utile en forêt, où les arbres font souvent écran au Soleil et empêchent ses rayons d'atteindre le sol à certains endroits… précisément là où se trouvent les sujets que vous souhaitez photographier).

Notez que, dans une moindre mesure, vous pouvez également utiliser votre « diffuseur poignée » comme réflecteur, du fait de sa coloration blanche.

Pour concevoir votre propre réflecteur, vous allez avoir besoin d'un morceau de carton (qui déterminera la taille du réflecteur… à adapter à vos besoins donc !) et d'une feuille d'un métal de votre choix : pensez soit au rhodium (à quelques milliers d'euros la feuille et dont l'efficacité n'est pas avérée dans le cas présent), soit à l'aluminium, un brin moins cher et vraisemblablement plus facile à trouver. Froissez cette feuille (de manière à diminuer l'intensité de la lumière incidente, dont certains rayons vont ainsi être déviés de leur trajectoire) avant de l'apposer sur votre morceau de carton. Félicitations si, comme moi, vous êtes parvenu au bout de cette notice de montage sans vous blesser (je n'en dirais pas autant pour l'accessoire précédent).

Soleil

Ah ! le Soleil ! Cette naine jaune composée principalement d'hydrogène et d'hélium, dont les juilletistes et autres aoûtiens traquent le moindre rayon dans l'unique dessein de recharger leurs stocks en vitamine D avant d'affronter un hiver toujours plus rude et rigoureux ! Oublions ses délétères rayonnements ultraviolets, qui vous donneront un teint de petit pain au lait ou de pomme au four selon la durée de chauffe, et reconnaissons à cet astre quelques vertus, dont la principale est, pour nous photographes, d'offrir un éclairage puissant, continu et gratuit tout au long de la journée.

Lumière directe

La lumière émise par le Soleil est dite directe si aucun obstacle ne vient s'interposer entre lui et votre sujet. Plusieurs cas peuvent alors se présenter, selon l'orientation du Soleil par rapport à la plante que vous souhaitez photographier et selon l'heure d'exposition, qui va déterminer la température de couleur.

La lumière frontale, qui va tasser les ombres et enlever tout le modelé de la scène, est, dans la mesure du possible, à éviter… sauf si bien sûr vous utilisez le diffuseur précédemment fabriqué. Typiquement, ce cas de figure se présente en plein milieu de journée, quand le Soleil est au plus haut dans le ciel et que votre sujet est éclairé directement. Vous avez ici tout intérêt à vous positionner sur l'icône « Soleil » dans les paramètres de correction de balance des blancs, ou de passer en mode « Température de couleur » (K) et de définir une température comprise entre 5 500 et 5 800 K.

La lumière latérale, déjà plus intéressante, va créer une séparation relativement nette entre votre sujet (dont les contours et volumes sont révélés) et l'arrière-plan, d'autant plus marquée que vous ferez face au Soleil. Ce type d'éclairage met particulièrement bien en valeur les textures de surface. En revanche, les ombres restent très marquées : diffuseur fortement conseillé donc. Pour cette fois encore, utilisez les mêmes paramètres de balance des blancs que ceux sélectionnés pour la lumière frontale.

Le contre-jour, cas particulier où la lumière latérale est derrière (partiellement ou totalement) le sujet. Essayez-vous donc à l'ombre chinoise, qui concentre l'attention du spectateur sur les contours de la fleur. Elle se réalise assez simplement en mesure d'exposition matérielle car l'arrière-plan, qui occupe alors une grande partie de l'image en comparaison de la fleur, prend plus d'importance au moment du calcul de l'exposition.

La lumière rasante, le fin du fin pour qui aime les lumières naturelles. Les rayons solaires, qui frôlent alors l'horizon, parcourent une plus grande distance dans l'atmosphère, et se voient alors privés de leurs dominantes bleues au profit d'une coloration rouge orangé. Les ombres restent présentes, mais, le rayonnement étant plus faible, elles sont peu marquées et s'étendent subtilement à l'infini, révélant les moindres granularités des fleurs et des plantes. Dans cette configuration, que l'on observe au lever et au coucher du Soleil, la température de couleur avoisine les 2 000 K. Vous pouvez alors supprimer la dominante rouge en vous plaçant à 2 000 K dans le réglage « K » de la balance des blancs… mais ce serait du sabotage, que dis-je, une hérésie ! Pourquoi donc vouloir supprimer une coloration si chaleureuse, qui constitue l'un des meilleurs éclairages possibles pour une photo ? Au risque de vous étonner, utilisez les mêmes paramètres que pour les lumières latérales et frontales : ainsi calibrée à 5 500 K, votre photo affichera toute l'intensité de cette dominante orangée, que notre œil se plaît à vouloir « blanchir », avec un succès mitigé dans le cas présent, la dominante en question étant clairement perceptible. Un diffuseur n'est pas indispensable ici, mais un réflecteur pourra vous permettre de parer d'un halo doré un sujet injustement placé dans l'ombre.

Lumière indirecte

À l'inverse, vous aurez compris, une lumière est dite indirecte si un obstacle vient s'intercaler entre la source (ici le Soleil) et le sujet, obstacle qui peut d'ailleurs être d'origine naturelle ou artificielle.

Le ciel nuageux. Eh oui, quel obstacle saurait être plus imposant qu'un cirrostratus ou autre cumulonimbus de plusieurs kilomètres de long ? Et je vous le demande, en votre âme et conscience, qu'est-ce qu'un nuage si ce n'est un obstacle translucide généralement de couleur blanche ? Vous l'aurez compris, nous avons bien ici affaire à un diffuseur géant ! Les ombres sont nettement atténuées et la lumière mieux répartie… l'idéal donc ! Oui, mais… dans ces conditions lumineuses particulières, les couleurs, qui s'affichaient avec panache en plein soleil, perdent ici quelque peu de leur éclat. N'oubliez pas de régler votre balance des blancs en mode « Nuage » pour corriger la dominante bleutée du rayonnement.

L'ombre. Bien qu'il y fasse sombre, les sujets plongés dans l'ombre restent visibles… ce qui prouve bien que la lumière est ici indirecte et s'appuie sur les éléments environnants pour atteindre la zone ombragée. Vous profitez alors d'une lumière douce et uniforme, et pour peu que vous soyez équipé d'un trépied, le manque de lumière ne vous posera pas de problème. Maintenant, rien ne vous empêche d'utiliser un réflecteur pour amener une lumière plus intense vers le lieu de la prise de vue. Je ne pense faire tomber personne de sa chaise en conseillant d'utiliser le réglage de balance des blancs nommé « Ombre » dans la situation présente.

Les reflets naturels. – Ils représentent un cas particulier de l'exemple précédent : il peut arriver que des zones d'ombre ou de pénombre reçoivent naturellement leur lumière d'autres éléments environnants par simple réflexion. Je pense en particulier aux roches claires ou aux étendues d'eau, qui peuvent permettre à la lumière d'atteindre des endroits qui lui auraient été autrement inaccessibles. Autant l'intensité de cette lumière sera atténuée au contact de la roche, autant l'eau agit à la manière d'un véritable miroir et ne vous soustraira pas à l'utilisation d'un diffuseur. Le réglage de balance des blancs conseillé ici reste bien entendu l'« Ombre », car outre l'apport naturel en lumière, on reste dans la même configuration que précédemment.

Flash

Laissez-moi vous faire l'affront de vous définir ce qu'est un flash : ce mot d'origine anglaise, signifiant littéralement « éclair » (à cause de sa rapidité et sa puissance), fait référence à un dispositif capable de fournir une lumière d'appoint. Au même titre qu'un objectif est caractérisé par une focale et une ouverture maximale, le flash possède « un nombre guide », d'autant plus élevé que sa puissance d'émission l'est (élevée). Ce nombre NG, défini pour une sensibilité de 100 ISO, va mettre en relation l'ouverture du diaphragme f avec la distance au sujet du flash d, selon la formule :

$NG = f \times d$

Si la sensibilité est différente de 100 ISO, il faut appliquer un facteur de multiplication m au nombre guide NG pour obtenir le nombre guide équivalent NG' :

$NG' = NG \times m$

m prend les valeurs suivantes : 0.5 pour 25 ISO, 0.71 pour 50 ISO, 1 pour 100 ISO, 1.4 pour 200 ISO, 2 pour 400 ISO, 2.8 pour 800 ISO… diantre ! Une fois de plus, on passe d'une valeur à une autre en la multipliant par $\sqrt{2}$! De plus, si vous avez la chance de posséder un flash récent, vous avez sans doute remarqué que celui-ci dispose d'une option permettant de définir la focale de l'objectif utilisé… Quel en est l'intérêt ? C'est assez simple : bien qu'en mode automatique le flash adapte son angle d'éclairage en fonction de celui de la prise de vue, il peut parfois arriver que ce choix automatisé ne réponde pas à votre attente, et que vous ayez besoin de définir un champ d'action plus large ou plus restreint. Certains flashes possèdent même un volet rabattant intégré, permettant de dépasser leurs limites naturelles, et ainsi d'assurer l'éclairage d'un angle de champ très vaste (ce volet sert en effet dans le cas

où l'objectif utilisé est un très grand-angle).
Va-t-il donc falloir, pour chaque prise de vue, vous munir d'une règle, d'un rapporteur, d'un compas et d'un sextant afin de définir l'angle optimal d'illumination ? Mais non, voyons !
À titre exceptionnel, je vous donne ma bénédiction pour utiliser, dans le cadre exclusif de la photo de plantes et de fleurs, le mode automatique, que je n'ai personnellement jamais pris en défaut (et connaissant ma répulsion des « modes auto » de manière générale, vous savez combien cela me coûte de le dire).
Vous connaissez désormais tout sur le flash, si ce n'est l'essentiel : pourquoi l'utiliser ? Difficile de généraliser, mais dans la plupart des cas on recourt à la lumière du flash quand la lumière naturelle vient à manquer, pour figer un mouvement (lié au manque de lumière, je vous l'accorde) ou encore pour révéler des détails plongés dans l'obscurité. Nous verrons plus tard quelques exemples concrets d'utilisation.

Pourpier
Canon 5D Mark II
100 mm
f/5.6
1/1000 s
ISO 100

Mon boîtier bridant les vitesses plus rapides que celles de synchro-X, cette image est bien sûr un montage numérique.

Fonctionnement

Synchro flash et synchro haute vitesse.

Tout d'abord, dans des conditions normales d'utilisation (qu'est-ce donc que des conditions « anormales » ? je vais en parler, un peu de patience), le flash est programmé pour se synchroniser avec l'ouverture du premier rideau : comprenez qu'une fois celui-ci grand ouvert, et donc le capteur pleinement dévoilé, un signal de déclenchement est envoyé au flash. Comme la durée de l'éclair est infime (elle peut atteindre 1/30 000 s !) comparée à la vitesse d'obturation, celui-ci est passé avant même que le second rideau n'ait entamé sa course : le capteur est donc uniformément illuminé.
Au-delà d'une certaine vitesse d'obturation, que nous nommerons dans le cadre de l'utilisation d'un flash « vitesse de synchro-X » (1/250 s généralement), vous le savez, le capteur n'est jamais complètement dévoilé, mais au contraire balayé par une fente formée par les deux rideaux. Dans ces conditions, si l'éclair intervient comme prévu au moment précis où le premier rideau finit sa course… c'est le drame, je ne vous le fais pas dire ! Car à cet instant le second rideau a déjà partiellement recouvert le capteur, et la photo affiche

En fonctionnement « normal », le flash se déclenche une fois le premier rideau baissé.

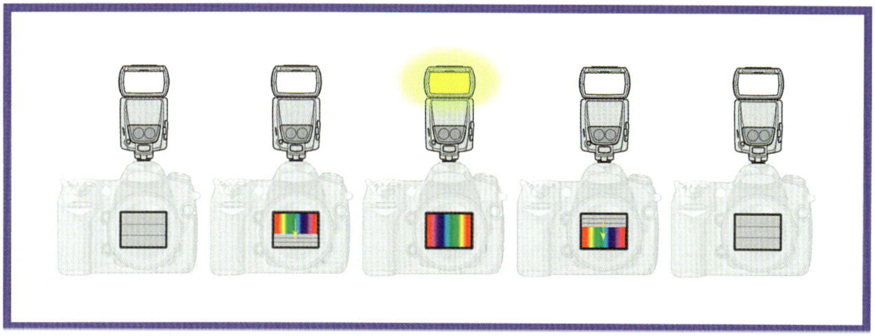

Fonctionnement du flash en synchronisation haute vitesse

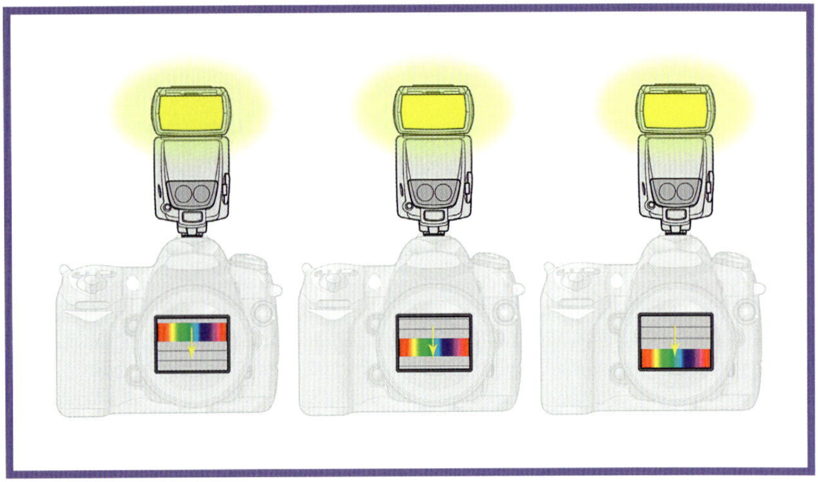

donc une bande noire (ombre du second rideau sur le capteur) du plus bel effet !
Pour éviter ce phénomène, quand vous utilisez un flash, les reflex récents vous interdisent tout simplement de sélectionner des vitesses d'obturation plus rapides que la vitesse de synchro-X (pas la peine de vous énerver sur la molette de sélection de la vitesse, ça ne fonctionnera pas).
Mais vous vous doutez bien que les constructeurs ont trouvé une parade : les flashes à synchronisation haute vitesse. Ces dispositifs peuvent, lors de vitesses rapides, émettre une succession d'éclairs simulant ainsi une lumière continue : la fente formée par les deux rideaux est alors éclairée durant toute sa course, et le capteur intégralement exposé… magnifique ! Revers de la médaille : en synchronisation haute vitesse, le flash perd de sa puissance.

Mesure TTL. Vous vous demandez sans doute ce que vient faire ici la mesure TTL, qui, je le rappelle, permet à votre appareil photo de déterminer les paramètres de prise de vue à utiliser (ouverture, vitesse, ISO) en fonction de la quantité de lumière qui passe à travers l'objectif. Figurez-vous que la plupart des flashes actuels sont équipés de cette technologie, ce qui, je le reconnais, ne répond absolument pas à votre questionnement.
Si maintenant je vous dis qu'un tel flash, en émettant un bref éclair de contrôle juste avant la prise de vue, ajuste sa puissance en fonction de la quantité de lumière reçue par l'appareil, vous commencez à y voir plus clair. Voici dans le détail les différentes étapes entrant en jeu :
– en enfonçant le déclencheur à mi-course, l'appareil mesure les conditions de lumière ambiante (tout se passe alors comme s'il n'y avait pas de flash) ;
– en enfonçant le déclencheur au maximum, un préflash, de puissance très faible, est envoyé ;
– par réverbération sur le sujet, une

Principe du mode flash TTL

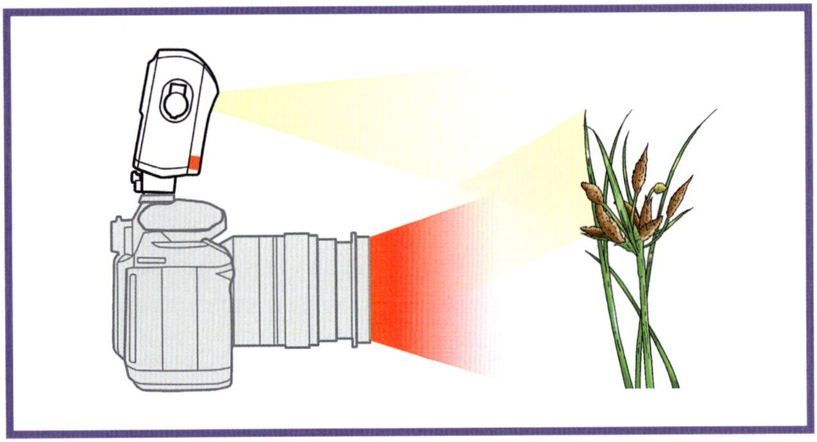

partie de la lumière émise par ce préflash revient vers l'appareil ;
– le posemètre intégré au boîtier capte alors la lumière qui passe dans l'objectif (somme de la lumière ambiante éclairant la scène et de la lumière issue du préflash) ;
– la puissance du préflash étant connue, le posemètre va calculer la puissance nécessaire pour exposer correctement la scène ;
– une fois cette valeur déterminée, il la fait parvenir au flash : un « vrai » flash, correctement dosé, se déclenche alors.

Choisir son flash

À la liste des questions éminemment complexes que vous vous êtes posées par le passé — « Quel appareil choisir ? », « Quel objectif correspondrait à mes besoins ? », « Trépied ou photo à main levée ? », je souhaiterais en ajouter une nouvelle, qui devrait une fois de plus soulever des cas de conscience : je parle bien sûr du dilemme que constitue le choix de son système d'éclairage artificiel. Vous allez voir que dans le cas présent, le flash le plus cher n'est pas nécessairement le plus adapté, et que l'on peut parfois faire des merveilles avec un peu d'ingéniosité.

Le flash intégré. Commençons si vous le voulez bien par l'incontournable flash embarqué, qui équipe, n'ayons pas peur de généraliser, tous les compacts actuels, la majorité des bridges et plusieurs reflex. Toujours visible sur les appareils de petite taille, il est généralement masqué sur les bridges et les reflex et se déploie par pression sur un bouton poussoir situé sur la coque de l'appareil. Étonnamment, et contrairement à ce que l'on pourrait croire, ce sont bien souvent les reflex d'entrée de gamme qui possèdent un tel flash, les modèles haut de gamme en étant généralement dépourvus. La raison de cette injustice est la suivante : ce type de flash possédant un nombre guide faible (donc une puissance limitée) et étant solidaire de l'appareil (on ne peut ni le déplacer, ni l'orienter), on le considère comme étant incompatible avec une pratique « professionnelle » de la photographie. Il est en outre de taille restreinte : la lumière émise est alors quasi ponctuelle, ce qui génère des ombres très marquées. Pire encore, il présente un problème de taille dans le cadre de la photographie rapprochée (essentiellement avec les reflex, le problème ne se pose pas si vous utilisez un compact ou un bridge) : dans cette discipline particulière, votre objectif se trouve à quelques centimètres de votre sujet. La lumière émise par le flash intégré, surplombant à peine votre objectif, et orientée dans le même axe, risque bien de se heurter au bout de votre optique, et ainsi générer une zone d'ombre sur la photo finale : vous pourrez tenter de faire passer cet étrange obscurcissement comme un choix délibéré, manifestation de votre inclination pour le « beau », et qui plonge le spectateur au cœur de votre univers créatif. Mais vous ne leurrerez personne.

Mise en évidence de l'ombre déportée de l'objectif dans le cadre de l'utilisation du flash intégré

Munissez-vous de votre second diffuseur poignée.

Découpez une bande de 20 cm de large.

Apposez l'objectif sur lequel sera placé le diffuseur et dessinez son contour.

Que faire dès lors ? S'orienter vers un autre type de flash ? Diantre non ! Un simple montage va faire passer ce flash du statut d'indésirable à celui d'incontournable. Vous allez simplement avoir besoin du deuxième diffuseur, fabriqué précédemment. Ce montage fonctionne également sur un compact ou un bridge.

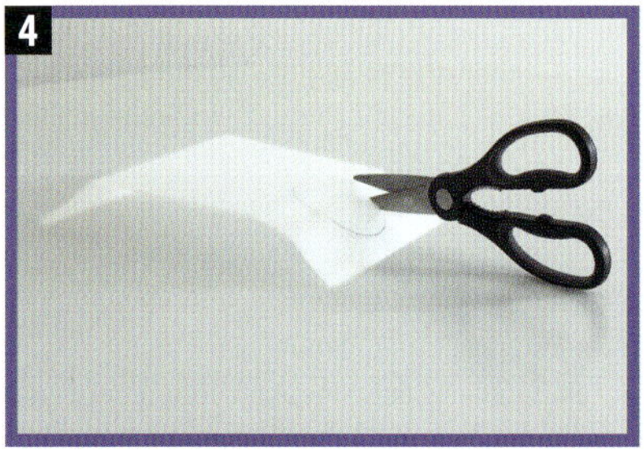

Découpez en suivant le tracé.

Votre diffuseur est prêt !

Sans diffuseur

Surfinia
Canon 5D Mark II
65 mm
f/4
1/125 s
ISO 200

Avec diffuseur artisanal

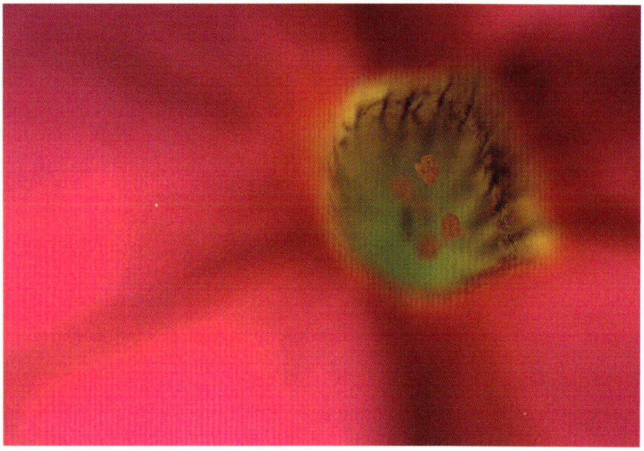

L'assombrissement provoqué par l'ombre de l'objectif s'estompe miraculeusement.

Bien que souvent décrié, le flash embarqué possède quelques avantages indéniables : d'une part, son système d'alimentation étant le même que celui de l'appareil, il n'y a donc qu'une seule batterie à surveiller ; d'autre part, et cela commence à devenir franchement intéressant, certains constructeurs ont équipé leurs boîtiers d'un flash intégré « maître », permettant le contrôle d'un ou de plusieurs flashes déportés pour un modelage complexe de la lumière.

Le flash cobra. Je ne viens pas d'inventer ce terme, et c'est bien de ce légendaire serpent à la position d'attaque si singulière que ce flash tire son nom. Le flash cobra est un flash externe (et utilise donc son propre système d'alimentation électrique) qui vient s'installer sur la griffe porte-accessoire de votre appareil (de plus en plus de compacts en possèdent une) ou se commande à distance à l'aide d'un émetteur. Outre certains flashes intégrés, comme nous avons pu le voir dans le paragraphe précédent, l'émetteur en question peut également être un autre flash cobra : en effet, les flashes cobra peuvent généralement adopter le statut de « maître » ou d'« esclave » qui leur permet indifféremment de déclencher à distance plusieurs autres flashes ou au contraire d'attendre le signal émis par un flash « maître » pour s'activer.
Ce qui fait la force de ce type de flash, c'est non seulement sa position surplombante une fois fixé à votre appareil, mais également la liberté de mouvement offerte : sa tête est en effet orientable verticalement (souvent sur 90°) et horizontalement (souvent sur 180°). Les possibilités offertes par ces spécificités sont nombreuses : rediriger la lumière vers un réflecteur, éclairer l'arrière-plan sans intervenir directement sur l'éclairage du premier plan, etc.

Le flash cobra est plus puissant que le flash intégré : son nombre guide varie de 30 à 120 selon les modèles, contre à peine 10 ou 12 pour le flash intégré. Sa surface étant également bien plus grande, la qualité globale de l'éclairage est revue à la hausse. Autre argument

Champ d'action d'un flash cobra

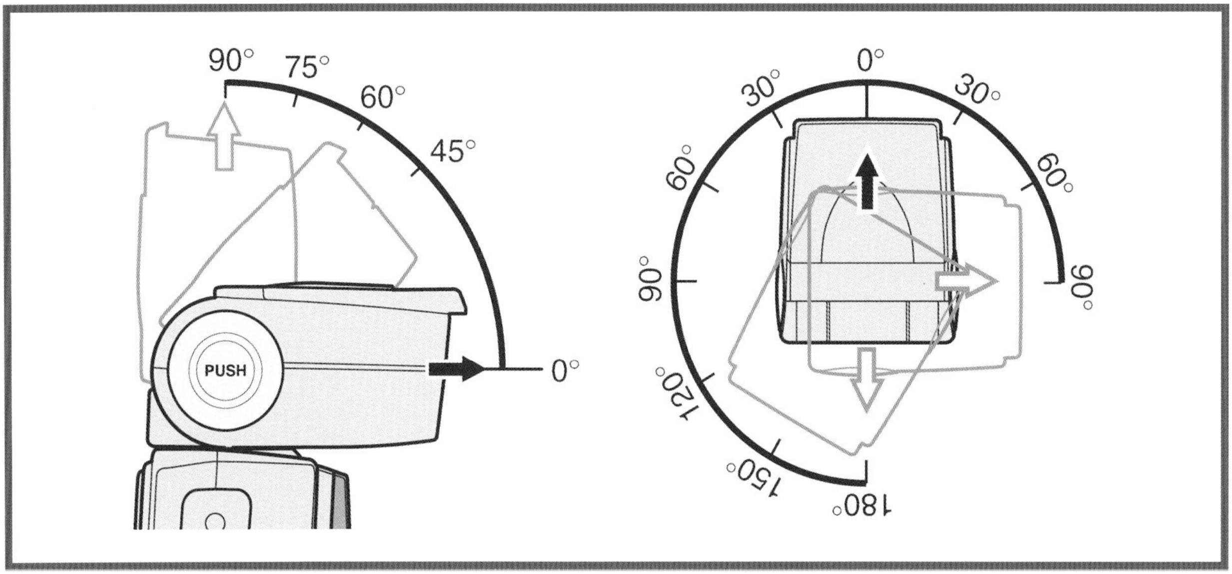

en sa faveur, et non des moindres : il dispose d'une panoplie d'options absentes chez le flash embarqué, à savoir, le fameux « zoom », qui permet de contrôler le faisceau lumineux et de l'adapter à la focale utilisée, et… la synchronisation haute vitesse, simplement indispensable ! Dernier détail : la lumière émane d'une position bien plus élevée qu'avec le flash intégré, et devrait donc vous éviter les problèmes de projection d'ombre de l'objectif sur votre sujet. Avant de jeter votre dévolu sur un modèle en particulier, essayez si possible d'obtenir une démonstration du vendeur. D'une part, cela vous permettra de voir si l'interface de contrôle est intuitive (s'il met une demi-heure pour activer une option, c'est mauvais signe) et, d'autre part, de vérifier la qualité de sa fabrication : la trappe de la batterie, qui n'en est pas une puisque l'alimentation électrique est généralement assurée par des piles, doit attirer toute votre attention. Car si vous êtes chanceux comme moi, l'alimentation de votre flash devrait vous abandonner au moment précis où vous alliez réaliser LA photo : vous êtes alors irrité et passez partiellement votre colère sur cette fameuse trappe, qui doit donc afficher une certaine résistance aux chocs. Assurez-vous également que le changement de pile peut être effectué dans un laps de temps compatible avec votre irritabilité du moment.
D'un point de vue plus pratique, même si force est de reconnaître que ce type de flash est idéal pour la photo botanique, de par sa puissance, sa mobilité ou les options qu'il propose, sa vive lumière peut parfois s'avérer problématique pour les sujets à pétales clairs… et vous contraindre à invoquer cet accessoire translucide dont je tairai le nom car vous l'avez sans doute déjà en tête. Même s'il est possible d'utiliser le même diffuseur que celui précédemment fabriqué pour le flash intégré, je vous conseille plutôt de réaliser le montage ci-dessus, à partir d'un morceau de carton et d'une feuille blanche cartonnée.

Pour réaliser cet atelier, vous aurez besoin d'un morceau de carton, d'une feuille blanche, d'un élastique, de ciseaux et de ruban adhésif.

Découpez deux morceaux de carton de la largeur de votre flash et fixez-les à l'aide de l'élastique. Pliez-les légèrement aux extrémités.

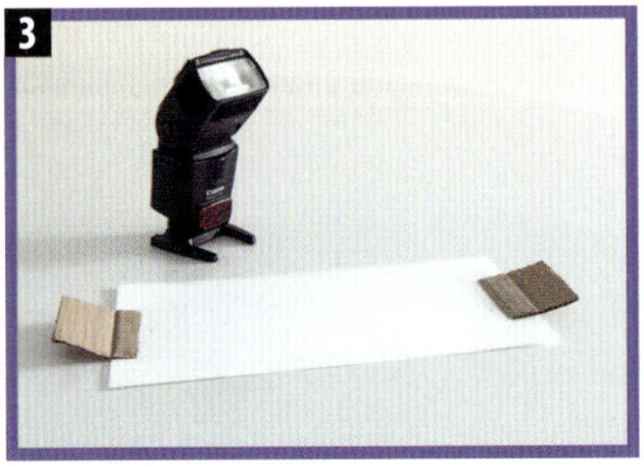

Collez ensuite les pièces cartonnées sur votre feuille blanche à l'aide du ruban adhésif.

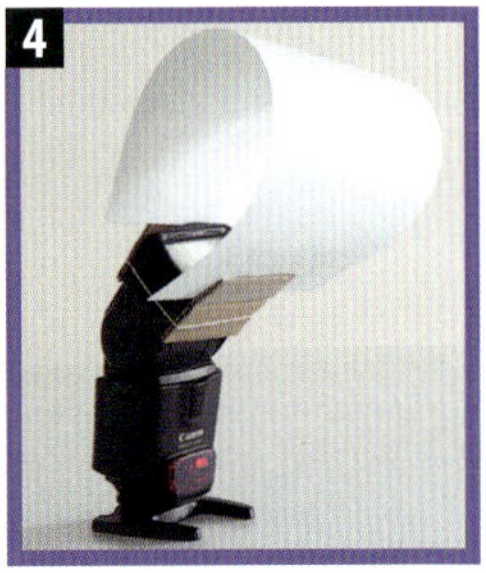

Il ne vous reste plus qu'à fixer l'ensemble sur votre flash !

Sans diffuseur

Canon 5D Mark II
100 mm
f/3.5
1/80 s
ISO 400

Avec diffuseur artisanal

Des ombres un peu moins marquées (cœur de la fleur, extrémités des pétales) et un fond légèrement plus lumineux : pari réussi !

Le flash macro. La principale caractéristique de ce type de flash, dédié à la photographie rapprochée, est le déport de ses parties éclairantes en bout d'objectif. La griffe porte-flash de votre appareil est alors occupée par un transmetteur, qui active le déclenchement des parties déportées, soit à l'aide d'un câble, soit sans fil. Particulièrement efficace pour un éclairage fin et maîtrisé de votre sujet, ce système possède néanmoins un nombre guide souvent très faible, qui restreint son utilisation à la macrophotographie. Mais si vous êtes adepte de gros plans, les possibilités qu'il offre devraient vous enchanter, et notamment l'astucieuse répartition des intensités lumineuses de chaque élément émetteur, qui peuvent amplifier indépendamment leurs éclairs pour modeler les ombres à volonté, et ainsi créer du relief sur votre image.

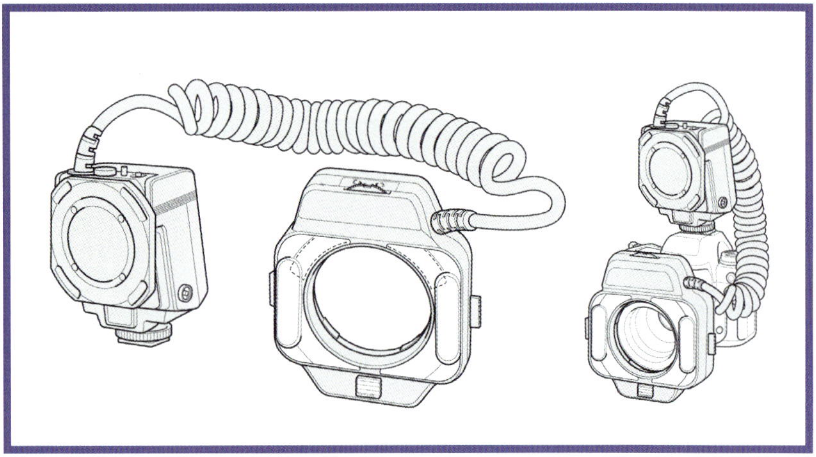

Flash annulaire

Ces flashes peuvent être de deux types :
Les flashes annulaires. – Ils sont généralement constitués de deux demi-néons annulaires… mais pas seulement ! Car certains de ces flashes disposent de deux néons rectangulaires arrondis situés de part et d'autre de l'objectif. Ils sont composés de deux parties : la première, que nous venons d'évoquer, est dédiée à l'éclairage, et la seconde, le transmetteur, trône fièrement sur votre griffe porte-accessoire et permet de définir les réglages du flash. Il possède également une trappe où loger les batteries (des piles généralement). La lumière produite est très homogène, les ombres sont très atténuées, voire gommées, ce qui, dans certaines conditions, peut donner un résultat assez plat.

Flash à têtes réflecteurs

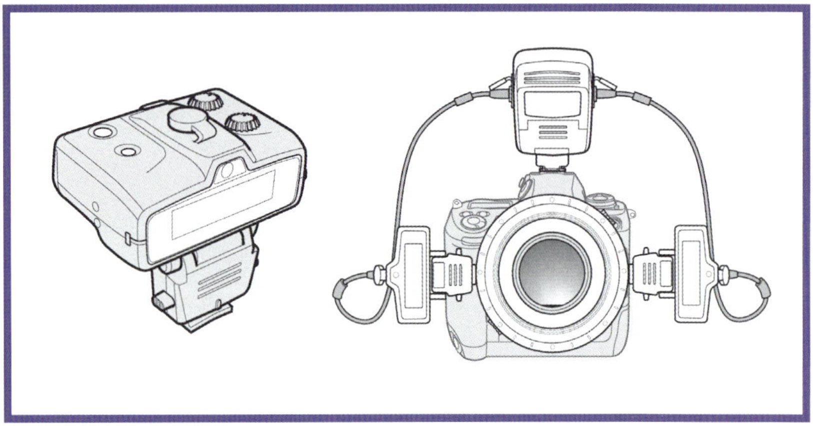

Les flashes à têtes réflecteurs. – Ils fonctionnent sur le même principe que les précédents, si ce n'est qu'ils sont constitués de flashes indépendants, là où les néons étaient solidaires puisque physiquement attachés au même support. Le nombre de têtes dépend d'ailleurs du constructeur et de la technologie utilisée pour leur contrôle : les flashes filaires possèdent généralement deux têtes, les flashes sans fil… beaucoup plus ! Les têtes sont toujours mobiles, et peuvent à la fois être plus ou moins inclinées en direction du sujet et glisser à 360° autour de leur support pour des possibilités d'éclairage quasi infinies ! Petit bémol si vous utilisez un système sans fil : outre les piles servant à alimenter le transmetteur, il vous faudra bien sûr des piles pour chaque tête déportée. Ce flash, quant à lui, génère une lumière plus en contraste, avec des ombres plus marquées, qui vont donner du relief et du dynamisme à l'image.

Finissons, si vous le voulez bien, par l'usuel atelier manuel ! Vous l'attendiez avec impatience, laissez-moi donc l'insigne honneur de vous décevoir : il est en effet assez délicat de fabriquer un système d'atténuation de la lumière pour flash macro, pour la bonne et simple raison qu'un diffuseur est d'autant plus efficace qu'il est éloigné de la source de lumière. Ici, le flash étant situé dans le même plan que l'objectif, un tel dispositif présenterait deux inconvénients : un diffuseur un tant soit peu distant risquerait tout simplement d'apparaître sur la photo et, pire encore, de toucher votre sujet si vous êtes adepte des gros plans (et par la même occasion le dégrader… on connaît tous l'extrême délicatesse des fleurs). Une solution serait de coller un papier calque très opaque à même le flash, mais on atténuerait alors grandement l'intensité de l'éclair d'un système qui montre déjà des faiblesses sur ce point.

1

J'ai donc trouvé une alternative : diriger les têtes de flashes dans une direction différente de celle du sujet. Vous aurez, pour ce faire, besoin d'une chute prélevée sur le montage dédié au flash intégré, et de deux morceaux de velcro.

2

Découpez dans les chutes deux rectangles puis collez une bande de velcro face « velours » à leur extrémité.

3

Collez une bande de velcro face « crochets » sur chacune de vos têtes réflecteurs : vous pouvez désormais solidariser vos diffuseurs avec la source de lumière.

4

Dans cette configuration, les diffuseurs, qui ne sont plus dans l'axe de l'objectif, n'apparaissent plus sur la photo et ne devraient plus blesser votre sujet. De plus, l'atténuation obtenue est assez satisfaisante.

Sans diffuseur

Avec diffuseur artisanal

Canon 5D Mark II
100 mm
f/2.8
1/1250 s
ISO 400

On gagne ici un peu de lumière au cœur de la fleur. Notez que la lumière est moins plate qu'avec le flash cobra : on conserve ici du modelé dans les ombres.

En ce qui concerne les flashes macro annulaires, mon équipe de scientifiques planche actuellement sur la confection d'un prototype de diffusion… les résultats sont pour l'instant peu probants mais je ne désespère pas.

Utilisation

Puisque vous n'êtes toujours pas convaincu de l'intérêt d'un tel accessoire, je vous propose maintenant de nous pencher sur les avantages que vous pourrez tirer de l'usage d'un flash, via quelques exemples concrets d'utilisation.

Sans flash

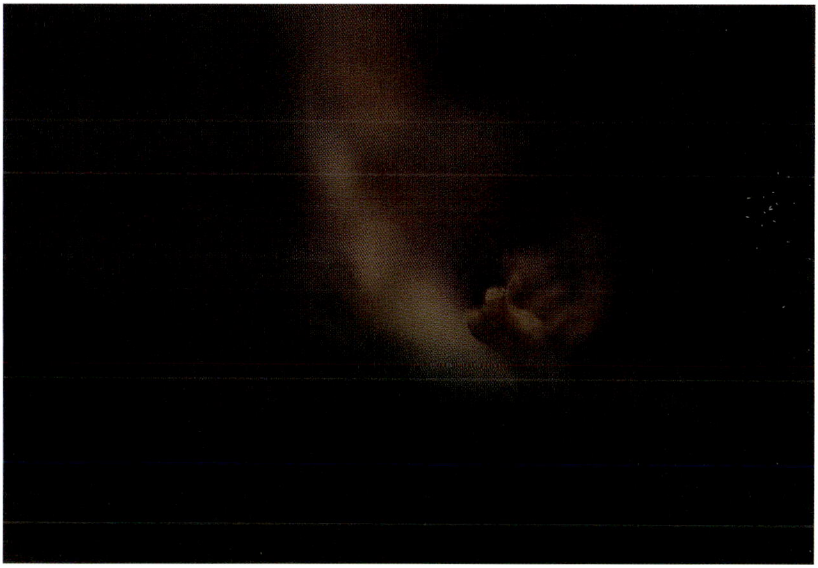

Apport en lumière. Effectivement, l'intérêt premier d'un flash est bien de compenser un manque de lumière et ainsi éviter de recourir à une vitesse d'obturation vous exposant au flou de bougé. Dans la pratique je vous déconseille fortement, quand vous utilisez une lumière artificielle dans ce cas bien précis, d'utiliser les modes de prise de vue Av et Tv, tout simplement parce qu'en mode « priorité ouverture », l'appareil risque d'adopter une vitesse lente, justement pour compenser le manque de lumière (si en revanche la vitesse préconisée par l'appareil vous semble respectable, foncez !). Et le mode « priorité vitesse » vous privera du contrôle de la profondeur de champ. Vous allez donc devoir utiliser le mode… « Manuel » bien sûr ! Vous réglerez, d'une part, l'ouverture vous offrant la zone de netteté désirée et, d'autre part, une vitesse d'obturation rapide pour neutraliser tout tremblement.

Avec flash

Hibiscus syriacus
Canon 5D Mark II
100 mm
f/4
1/125 s
ISO 200

Révéler les couleurs. Autre raison d'utiliser un éclairage artificiel, le rendu des couleurs bien particulier qu'il offre : la comparaison entre une photo réalisée en lumière naturelle et une autre réalisée au flash met en évidence quelques variations dans les teintes qu'affichent les fleurs. Plus naturelles quand l'éclairage est naturel (logique !), elles adoptent un rendu saturé et acidulé une fois sous la lumière du flash. Les botanistes, qui recherchent avant tout des photographies fidèles en tout point à l'original, crieront évidemment au scandale, mais si votre approche est plus artistique que scientifique, de telles couleurs devraient vous ravir.

Sans flash

Avec flash

Phlox subulata temiskaming
Canon 20D
100 mm
f/2.8
1/160 s
ISO 250

Fill-in. Cette technique, signifiant littéralement « appoint », et pouvant être réalisée à l'aide d'un unique flash, permet d'équilibrer lumière naturelle et lumière artificielle… ce qui est automatiquement fait avec un système d'éclairage TTL, allez-vous me dire. Soit ! Mais certaines règles sont à respecter si l'on souhaite faire un fill-in de qualité, car le but inavoué du fill-in est de faire oublier la part « artificielle » de l'éclairage. Mais si la lumière naturelle doit être prépondérante, pourquoi ne pas tout bonnement désactiver le flash ? Simplement parce que celui-ci va se révéler indispensable pour illuminer les parties de la fleur non atteintes par la lumière du Soleil (micro-ombres provoquées par la fleur elle-même ou son environnement proche). Revenons-en aux réglages : en mode « priorité ouverture » et mesure d'exposition matricielle, sélectionnez un diaphragme vous permettant d'obtenir la profondeur de champ désirée.

Prêtez ensuite attention à la valeur de vitesse déterminée par le posemètre. Si celle-ci vous évite à coup sûr le flou de bougé (on est donc dans le même cas que celui décrit dans le paragraphe concernant la construction du téléobjectif), déclenchez : le système TTL va alors s'apercevoir que la lumière naturelle suffit à exposer correctement la scène, et le flash généré sera peu puissant et donc très discret sur la photo, vous assurant la réussite de ce fill-in. Si en revanche la vitesse conseillée est trop lente, tentez de la diminuer en augmentant la sensibilité (dans la limite d'apparition du bruit électronique) et déclenchez si cette opération vous permet de repasser du bon côté de la barrière. Si cela ne suffit toujours pas, passez en mode manuel, fixez

C'est en contre-jour que le fill-in révèle tout son potentiel, car dans cette configuration particulière, une partie de votre sujet est nécessairement à l'ombre.

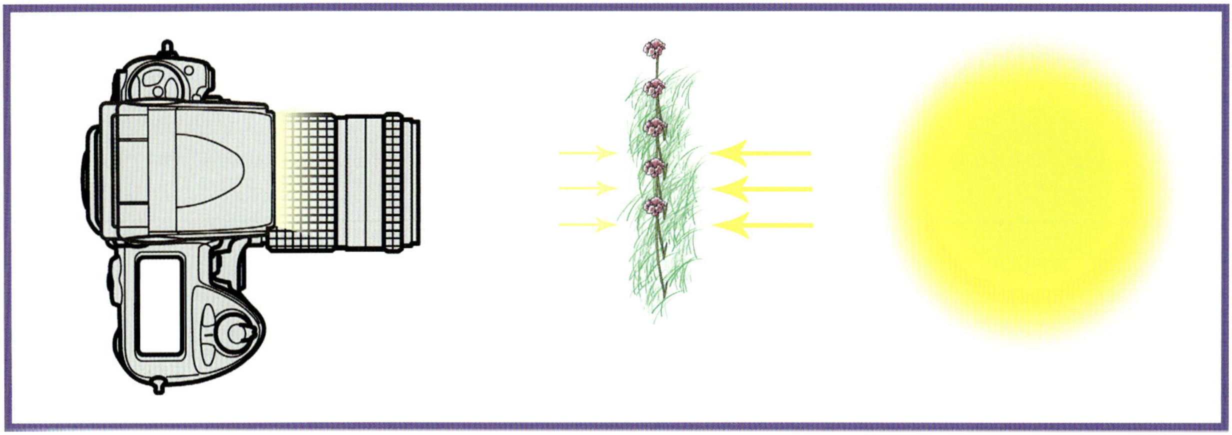

Sans flash

Avec flash

Astéracée sp.
Canon 5D Mark II
300 mm
f/4
1/200 s
ISO 100

la même ouverture, sélectionnez la vitesse directement inférieure à votre vitesse de flou de bougé (1/125 s par exemple si votre seuil se situe à 1/100 s), augmentez la sensibilité comme précédemment puis déclenchez : dans cette configuration, et sans tenir compte du flash, la photo est légèrement sous-exposée… le flash émis sera donc un peu plus puissant mais ne devrait pas mettre en péril le succès de votre effet.
Si vous utilisez un trépied, une vitesse trop lente n'est plus un problème et réaliser un fill-in au flash ne devrait pas vous poser le moindre souci.

Sans flash

Avec flash

Orchis pourpre
Canon 5D Mark II
100 mm
f/2.8
1/400 s (sans flash)
1/4000 s (avec flash)
ISO 320

Fond noir. Et pourquoi pas opter pour un fond totalement noir finalement, révélant les contrastes de votre fleur qui ainsi se fond dans l'obscurité telle une figure fantomatique… Pour réussir cet effet, plusieurs conditions sont requises : tout d'abord, l'arrière-plan doit être suffisamment éloigné de la fleur pour ne pas pouvoir renvoyer la lumière du flash ; ensuite, il faut utiliser une vitesse d'obturation très rapide (par rapport à la vitesse d'exposition correcte : sous certaines conditions vous pourrez réussir des « fonds noirs » avec une vitesse de plusieurs secondes). L'apport en lumière est donc en quasi-totalité assuré par un flash puissant, qui ne rencontre, outre votre sujet, aucun support apte à renvoyer ses rayons… la photo affiche donc un noir profond autour de la fleur.

Éclairage déporté. Rien de bien complexe ici, le but de la manœuvre est simplement de simuler une lumière directe positionnée dans une direction autre que celle de la prise de vue. Il vous en coûtera néanmoins un flash externe et un cordon de déport (ou un transmetteur infrarouge). Ce dispositif vous permettra, entre autres, de simuler une lumière latérale ou un contre-jour (je vous invite à vous référer au paragraphe concerné pour vous remémorer les bénéfices de tels éclairages).

Exemple d'utilisation du flash déporté

Sans flash

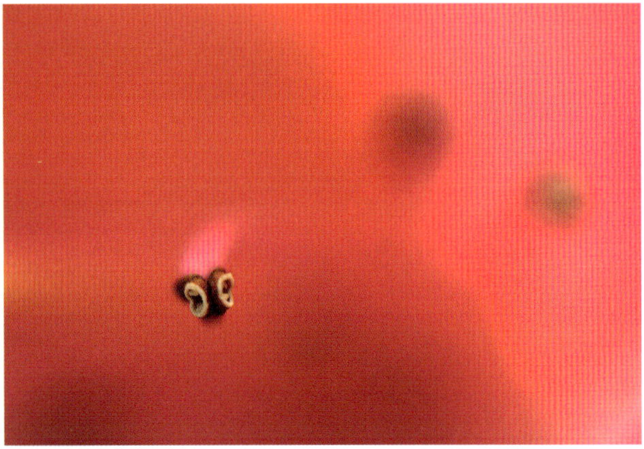

Avec flash

Canon 5D Mark II
65 mm
f/4
1/2 s
ISO 500

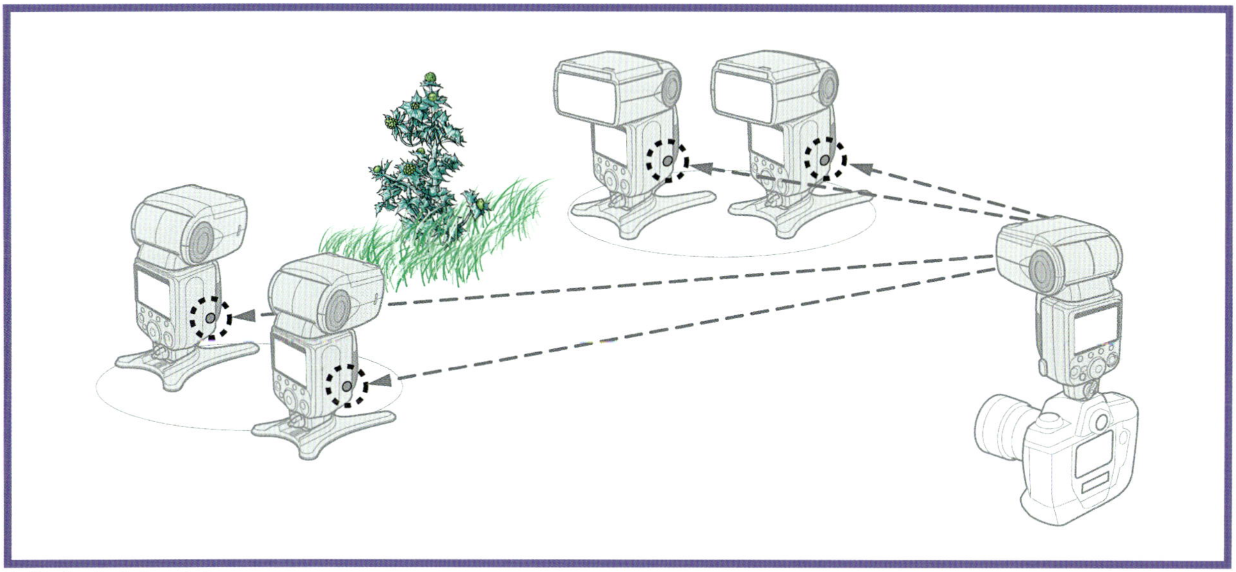

L'utilisation de plusieurs flashes vous contraindra souvent à effectuer plusieurs essais de réglages avant d'obtenir une lumière convaincante.

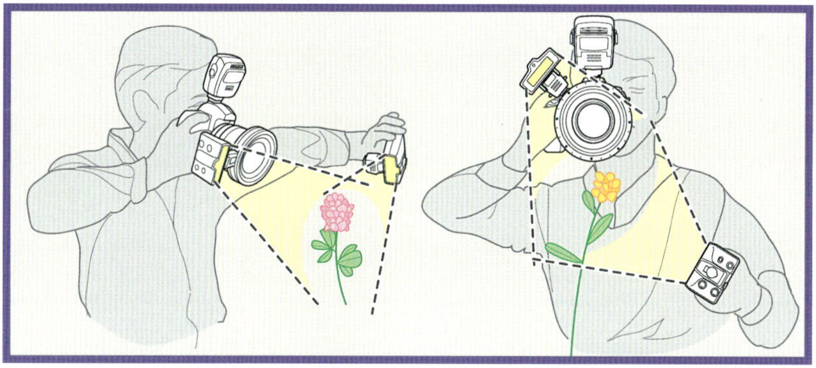

Une lumière créative peut être obtenue à l'aide d'un simple flash macro.

Modelage complexe de la lumière.

Finissons avec des exemples de façonnage de la lumière plus élaboré puisque nécessitant l'emploi d'au moins deux flashes. Diverses configurations sont possibles :

– **flash intégré et flash(es) cobra :** dans le cas où votre flash intégré peut asservir un ou plusieurs flashes déportés ;

– **flash macro :** nous avons vu qu'ils sont constitués de deux néons ou deux têtes réflecteurs, soit deux sources distinctes de lumière ;

– **flash macro et flash(es) cobra :** le nombre guide des flashes macros étant relativement faible, il est possible de coupler leur utilisation avec celle de flashes cobra d'appoint, d'autant plus qu'ils peuvent souvent commander des flashes déportés ;

– **flashes cobra :** nous l'avons vu précédemment, un flash cobra en position « maître » (positionné sur votre griffe porte-accessoire) peut contrôler plusieurs autres flashes « esclaves » ;

– **transmetteur et flash(es) cobra :** identique à l'exemple précédent, si ce n'est que, cette fois, l'élément « maître » ne fournit pas de lumière d'appoint.

Les exemples d'utilisation sont multiples et variés, mais l'un d'eux en particulier me vient à l'esprit : l'éclairage de l'arrière-plan. Car si le fond noir peut être un effet désiré, le plus souvent, admettons-le, c'est avec dépit et consternation que nous le découvrons sur notre cliché. L'une des causes de ce phénomène étant la présence d'un arrière-plan trop éloigné, une parade consiste à faire briller celui-ci de mille feux à l'aide d'un flash dédié. Bien sûr, en lumière naturelle, sauf conditions lumineuses particulières, vous ne devriez pas souffrir de ce fond noir, mais l'utilisation de flashes vous permet de travailler aux vitesses

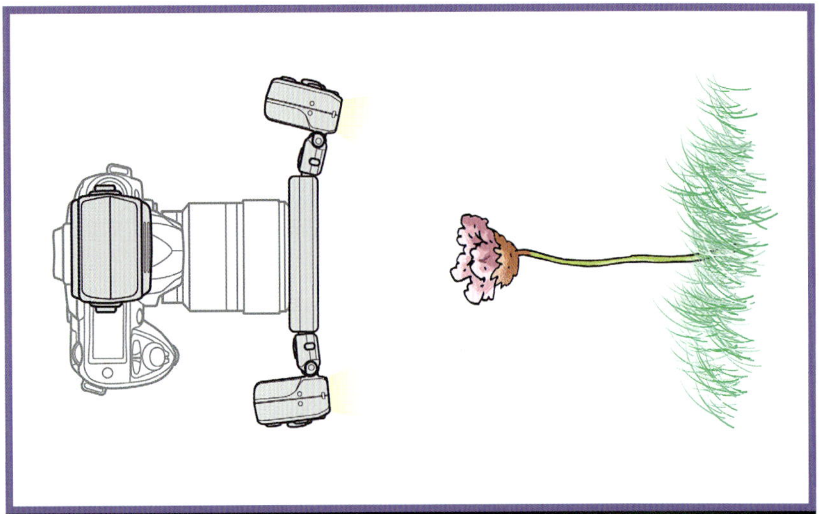

Bien que le sol ne soit pas très éloigné de la fleur, la faible puissance du flash macro ne lui permet pas d'éclairer l'arrière-plan.

d'obturation que vous souhaitez. Vous risquez alors de me dire : « Et pourquoi ne pas faire un simple fill-in pour faire apparaître l'arrière-plan ? », et vous n'auriez pas tort. Sauf que, d'une part, les couleurs ne seront pas ravivées comme le permettrait un flash dédié et, d'autre part, un fill-in de qualité impose souvent de travailler à des vitesses lentes : même avec de bons appuis, priez pour que sa Majesté le Vent ne vous fasse pas l'honneur de sa présence. Car si l'idée survient à ce « prince » de s'en mêler, l'usage du flash ne fera pas disparaître l'effet de filé ainsi généré d'un coup de baguette magique.

En dédiant un flash à l'éclairage de l'arrière-plan, ce dernier retrouve ses couleurs.

Rose
Canon 5D Mark II
65 mm
f/3.2
1/200 s
ISO 100

Iris germanica
Canon 20D
100 mm
f/3.2
1/400 s
ISO 400

Même s'ils ne figurent pas sur le schéma, il est évident que les deux flashes sont ici utilisés avec leur diffuseur artisanal.

Enfin, en associant plusieurs éclairages d'appoint avec les divers accessoires que nous avons évoqués plus haut (diffuseur et/ou réflecteur), vous pourrez laisser libre cours à votre imagination, et expérimenter plusieurs configurations différentes jusqu'à ce que l'une d'entre elles obtienne votre satisfaction : soit parce qu'elle produira une lumière très particulière, soit parce que, au contraire, sa douceur et son modelé laisseront à penser qu'aucun éclairage artificiel n'a ici été utilisé.

ACCESSOIRES

Mac Gyver en herbe, ce chapitre s'adresse à vous ! Car si je n'ai point épargné votre porte-monnaie jusqu'à présent, je compte bien me rattraper en vous proposant des montages simples à réaliser, et qui constitueront de solides atouts une fois sur le terrain.

J'imagine bien qu'armé de votre appareil, votre trépied, vos flashes et vos diffuseurs ou réflecteurs, vous vous sentez tel le fantassin accablé par le poids de son lourd fardeau. Malgré la masse déjà importante de votre équipement, il va quand même falloir trouver un peu de place dans votre fourre-tout pour loger les quelques outils supplémentaires évoqués dans les pages qui suivent.

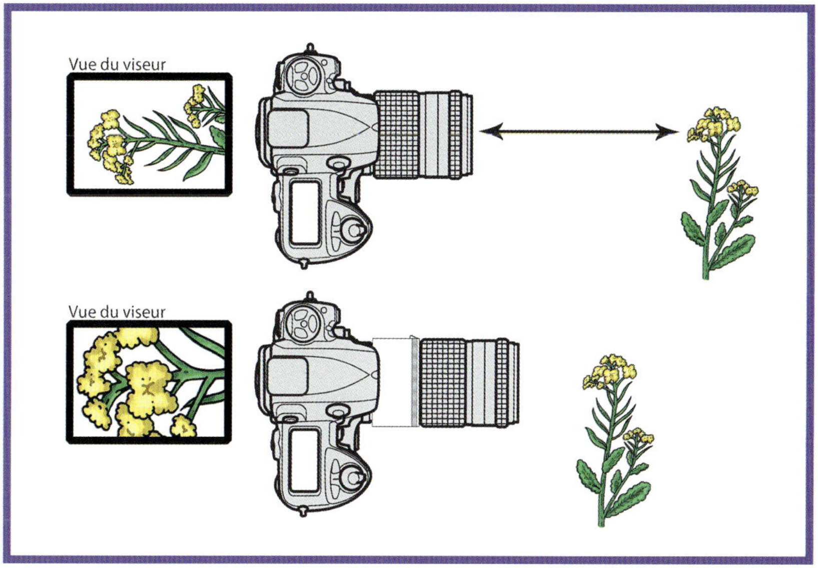

L'ajout de bagues-allonges permet de diminuer la distance minimale de mise au point. Résultat, le grandissement augmente.

Bagues-allonges et bonnettes

Bagues-allonges

La notion de « distance minimale de mise au point », que j'avais survolée jusqu'ici, risque bien de vous poser quelques problèmes au moment de la prise de vue, et plus particulièrement dans le cadre de l'utilisation d'un objectif de focale longue (c'est aussi valable pour un grand-angle, mais en utilisant ce dernier, on prévoit plus de réaliser des plans d'ensemble que des portraits serrés). Car je sais pertinemment ce que vous vous direz à ce moment-là : « Cette fleur située à quelques mètres de moi sera parfaitement mise en valeur si j'utilise une focale longue, qui devrait fortement diluer l'arrière-plan et ainsi l'isoler de son environnement, dans un plan serré des plus esthétiques. » Ce qui est parfaitement correct… à un détail près, à savoir : la notion de « plan serré ». Car si le champ couvert sera effectivement plus réduit qu'en utilisant un objectif de focale plus courte, il est tout de même fort

Sans bague

Avec bague 12 mm

Canon 5D Mark II
100 mm
f/2.8

à parier que votre fleur n'occupera qu'une place restreinte sur la photo… à cause de cette maudite distance minimale qui vous empêche de vous approcher physiquement davantage de votre sujet ! Je rappelle au passage que la distance minimale de mise au point est la distance en dessous de laquelle votre objectif ne sera pas capable de faire la mise au point : sur les téléobjectifs, celle-ci est généralement de deux ou trois mètres, donc n'espérez pas tirer le portrait d'un sujet situé à un mètre de vous. Que faire ? Revendre votre téléobjectif classique au profit d'un téléobjectif macro ? Certes non ! Il vous suffit d'utiliser des bagues-allonges.
Cet accessoire creux, et donc dépourvu d'optique, s'intercale entre le boîtier et l'objectif (détenteurs de compacts et de bridges, passez votre chemin) pour les éloigner l'un de l'autre (la distance qui les sépare est également appelée « tirage mécanique »).
Cette nouvelle configuration vous permet de physiquement raccourcir la distance minimale de mise au point, donc d'augmenter le rapport de grandissement et, au final, de donner à votre fleur une plus grande place sur la photo : pari réussi !
L'intérêt des bagues-allonges tient au fait qu'elles ne possèdent pas d'optique et n'entraînent donc aucune

Je vous propose de détendre l'atmosphère, rendue pesante par tous ces chiffres, grâce au traditionnel atelier bricolage, car oui, il est possible de fabriquer ses propres bagues-allonges pour un coût défiant toute concurrence.

dégradation de l'image délivrée par l'objectif. Mais leur ajout ne se fera pas impunément puisque :

– elles font perdre la mise au point à l'infini : une fois en place donc, n'espérez plus prendre en photo l'horizon, la zone de couverture de votre objectif s'étendant désormais à quelques mètres devant vous tout au plus ;
– elles font perdre en lumière : en augmentant le tirage, la distance que parcourt la lumière pour parvenir au capteur augmente et donc l'image finale s'obscurcit… d'autant plus d'ailleurs que le tirage est grand (plutôt logique). Vous devez alors compenser en augmentant la vitesse d'obturation, la sensibilité, ou même en recourant à l'usage d'un éclairage d'appoint ;
– elles nécessitent d'ôter l'objectif pour être mises en place : manœuvre ô combien périlleuse une fois sur le terrain ;
– elles entraînent une perte significative de la profondeur de champ.

Place au calcul, pour les amoureux des chiffres ! Si votre objectif est placé en mise au point à l'infini, le grandissement G obtenu en ajoutant un tirage T sur un objectif de focale F est :
$G = T/F$
Ainsi, si vous ajoutez 36 mm de bagues-allonges sur un objectif de 30 mm, le rapport obtenu sera $G = 36/30 = 1{,}2$, donc 1.2:1 ! Donc plus qu'un objectif macro !

Ici, l'idée consiste simplement à éloigner l'objectif du boîtier grâce à un emballage de pétales de pommes de terre, au goût inimitable si j'en crois le slogan. Pourquoi cette marque en particulier ? Parce que le fond est métallique. Vous aurez également besoin d'un bouchon de boîtier reflex (disponible pour quelques euros), d'un morceau de tissu, de colle extra-forte et d'une scie-cloche (on ne rigole plus).

Tout d'abord, adaptez la longueur du paquet en fonction de l'objectif utilisé et du résultat escompté (voir formules précédentes), en le raccourcissant côté ouverture. Notez qu'au final je l'ai raccourci plus que sur ces schémas, pour faciliter son utilisation une fois sur le terrain.

Percez ensuite votre bouchon en son centre à l'aide de la scie-cloche : le trou doit être le plus grand possible sans mettre en péril le système de fermeture.

Apposez le bouchon troué sur le fond du paquet de chips, reportez le trou à l'aide d'un stylo (toujours bien centré), puis découpez-le et collez-le au paquet de chips.

Il ne vous reste plus qu'à fixer l'ensemble sur votre boîtier et à insérer votre optique dans l'emballage.

Si l'objectif est trop petit, recouvrez-le d'un morceau de tissu pour le caler et solidariser l'ensemble. Si à l'inverse il est trop grand, découpez un sillon dans la longueur du paquet pour pouvoir l'élargir. C'est prêt, mais pendant vos tests sur le terrain, veillez à ce que l'axe de l'objectif reste bien perpendiculaire à celui du capteur.

Sans bague

Avec bagues artisanales

Canon 5D Mark II
100 mm
f/2.8

Le grandissement atteint est ici supérieur à celui obtenu avec les bagues achetées dans le commerce.

Et la distance D entre l'objectif et le sujet alors ? J'y viens :
D = F × (1 + 1/G)
Dans l'exemple précédent,
D = 30 × (1 + 1/1.2) = 55 mm.
« Et si l'objectif n'est pas réglé sur l'infini ? » Le calcul est similaire, à une petite subtilité près : il s'agit désormais de déterminer le tirage total TT de l'objectif, à partir du tirage de l'objectif To, qui dépend de la nouvelle distance de mise au point ND (qui n'est plus à l'infini ici) :
To = (ND × F) / (ND – F)
Donc, si la mise au point n'est plus à l'infini mais à 600 mm devant vous,
To = (600 × 30) / (600 – 30) = 31,5 mm.
Et le tirage total TT, somme du tirage To et du tirage des bagues T, est
TT = 31,5 + 36 = 67,5 mm.
Le grandissement G' est alors défini par la formule :
G' = (TT – F) / F
et vaut ici (67,5 – 30) / 30 = 1.25:1, soit quasiment la même chose que lors de la mise au point à l'infini… Reste à déterminer la nouvelle distance entre l'objectif et le sujet, grâce à la même formule que précédemment :
D = 30 × (1 + 1/1.25) = 53 mm.
Que retenir de ces calculs, si ce n'est leur caractère profondément rébarbatif ? Une seule chose : le grandissement est d'autant plus important (et la distance minimale de mise au point d'autant plus courte) que le tirage est grand (donc si vous passez de 50 mm de bagues à 100 mm, pour une même focale) ou que la focale de l'objectif utilisé est courte (donc si vous passez d'une focale de 200 mm à une autre de 50 mm, pour un même tirage). Si vous ne me croyez pas, refaites les calculs avec un 300 mm (comme je suis profondément philanthrope, voici les résultats dans l'ordre : 0,12 ; 2800 mm ; 600 mm ; 636 mm ; 1,12 ; 567 mm… nous sommes ici dans la théorie pure, et je vous mets au défi de trouver un 300 mm capable de réaliser une mise au point à 60 cm !).
Les bagues artisanales sont bien sûr à utiliser avec parcimonie, car ainsi découvert, le capteur est particulièrement exposé aux poussières et autres impuretés.
Les bagues-allonges de bonne qualité assurent la transmission des automatismes entre le boîtier et l'objectif : il est donc, par exemple, toujours possible de régler l'ouverture du diaphragme à sa guise une fois les bagues posées. On ne peut pas en dire autant du paquet de chips, qui joue ici le rôle de bague : vous ne pourrez donc travailler qu'à pleine ouverture… sauf si bien sûr l'objectif utilisé est à diaphragme manuel (si vous ne savez pas si votre objectif est équipé d'un tel diaphragme, c'est qu'il ne l'est pas).
Pour peu que vous ayez correctement réglé l'alignement de votre objectif, les résultats obtenus avec ce montage devraient être plus que corrects… pour ne pas dire quasi parfaits.
Comment parler de tirage sans aborder le cas des soufflets, qui sont en quelque sorte de « super » bagues-allonges puisque leur longueur est variable. Seuls les modèles haut de gamme (hors de prix) conservent les automatismes, et si vous acquérez un modèle plus abordable, il serait souhaitable là aussi d'utiliser un objectif à diaphragme manuel. Plus souples dans leur utilisation que les bagues-allonges, du moins sur le papier, il sont difficiles à manipuler sans banc optique (réglette métallique graduée qui supporte le poids du soufflet) et trépied, mais proposent un réglage millimétrique du grandissement désiré.
Notez que si vous parvenez à faire un accordéon avec votre emballage de chips, vous aussi pourrez vous vanter de posséder un soufflet.

Bonnettes

Second accessoire permettant de réduire la distance minimale de mise au point et donc d'augmenter le grandissement, la bonnette macro

(*close-up* dans la langue de Shakespeare) est une lentille convergente (une loupe donc) qui vient se fixer devant la lentille frontale de votre objectif. Contrairement aux bagues-allonges, définies par leur longueur, la bonnette se caractérise par sa puissance de convergence,

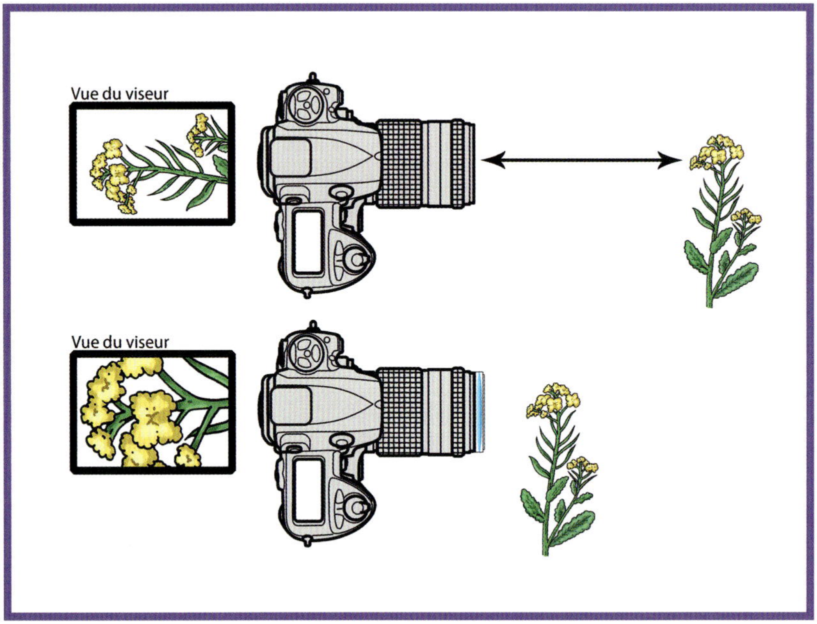

À la différence des bagues-allonges, la bonnette vient se fixer à l'avant de l'objectif.

exprimée en dioptries (D). Plus ce nombre est élevé, plus fort est le grandissement. Autre différence avec les bagues-allonges, qui viennent se fixer à l'arrière des objectifs (possédant tout au plus un ou deux types de baïonnettes), la bonnette doit pouvoir être vissée (ou clipsée) sur vos lentilles frontales… qui peuvent quant à elles adopter des diamètres divers et variés : vous voyez à cet instant défiler devant vos yeux remplis de larmes les sommes colossales que vous allez devoir investir pour vêtir chacun de vos objectifs d'une bonnette à sa taille… Il existe heureusement des solutions alternatives : une bonnette de diamètre fixe, ancrée à un support de diamètre variable et pouvant être ajusté sur une large gamme d'objectifs. Petit avantage des bonnettes par rapport aux bagues-allonges : elles n'occasionnent aucune perte de lumière, se fixent rapidement, sont relativement bon marché et s'adaptent à tout type de matériel (même aux smartphones !). En revanche :

– elles font également perdre la mise au point à l'infini ;

– elles modifient la formule optique de l'objectif auquel elles sont associées, engendrant par la même occasion une perte en qualité et parfois l'apparition d'aberrations optiques ;

– elles entraînent elles aussi une perte considérable en profondeur de champ.

Si vous avez suivi avec attention le paragraphe consacré aux bagues, vous avez remarqué que celui-ci possède la même structure et qu'il est donc désormais temps… de faire des maths !

Quand l'objectif est en position de mise au point à l'infini, la distance de travail entre bonnette et sujet est égale à la focale de la bonnette (donc l'inverse de sa puissance : 1/D), et ne dépend donc pas de la focale de l'objectif utilisé, c'est-à-dire :

Dioptrie	Distance de travail
1	1 m
2	50 cm
3	33 cm
4	25 cm
10	10 cm

Pas besoin de calcul, comme ce fut le cas pour les bagues-allonges. En revanche, pour déterminer le rapport de grandissement G, ça se complique un peu, car il va falloir calculer la puissance P (en dioptries) de l'ensemble objectif (de focale F) + bonnette (de dioptrie D) :

$P = 1/F + D$

La résultante R de l'ensemble devient :

$R = 1/P$

Et le grandissement G :

$G = R / (DT - R)$

DT est la distance de travail, donc ici 1/D.

Supposons par exemple que vous

Sans bonnette

Canon 5D Mark II
100 mm
f/2.8

Avec bonnette 8 D

ajoutiez une bonnette 5 D à un objectif de 100 mm :

P = 1/0,1 + 5 = 15 D

R = 1/15 = 0,066 donc 66 mm

G = 0,066 / (1/5 – 0,066) = 0,5

Finalement :

G = 1:2

Alors oui, on aurait sans aucun doute pu simplifier cette suite d'opérations à :

G = F × D / 1 000

Mais il me semblait intéressant de décortiquer le calcul, pour mettre en évidence l'existence d'une puissance résultante.

« Et si l'objectif n'est pas réglé sur l'infini ? » La distance de travail DT n'est alors plus l'inverse de la puissance, mais dépend, tout comme pour les bagues-allonges, de la nouvelle distance de mise au point ND :

DT = (1/D × ND) / (1/D + ND)

La formule déterminant le grandissement reste par contre inchangée.

Et donc, en reprenant l'exemple d'un objectif de 100 mm réglé pour une mise au point à 60 cm et une bonnette de 5 D :

DT = (1/5 × 0,6) / (1/5 + 0,6) = 0,15 (donc 15 cm)

Et le rapport de grandissement (la focale résultante ne change pas) :

G = 0,066 / (0,15 – 0,066) = 0,8

Soit presque le rapport 1:1 atteint par les objectifs macro conventionnels !

Si vous ne deviez retenir qu'une chose, c'est que le grandissement est d'autant plus important (et la distance minimale de mise au point d'autant plus courte) que la puissance de la bonnette est forte (donc si vous passez de 3 D à 10 D, pour une même focale) ou que la focale de l'objectif utilisé est longue (donc si vous passez d'une focale de 50 mm à une autre de 200 mm, pour une même puissance de bonnette). Si vous ne me croyez pas, refaites les calculs avec un 300 mm (comme je suis profondément philanthrope, voici les résultats dans l'ordre : 8,3 D ; 0,12 m ; 1,5:1 ; 0,15 m ; 4:1. Nous sommes ici dans la théorie pure, et je vous mets au défi de trouver un 300 mm capable de réaliser une mise au point à 60 cm !).

Quand vous testerez votre bonnette artisanale, assurez-vous que la loupe reste bien parallèle au plan du capteur pour éviter toutes distorsions ou aberrations chromatiques, qui devraient tout de même apparaître, votre loupe n'étant pas destinée à cet usage… le tout est donc de limiter au maximum leur visibilité.

Ce phénomène d'aberration est d'ailleurs très fréquent sur les bonnettes premiers prix, et il faut se tourner vers les modèles haut de gamme, composés généralement de deux lentilles (les bien nommées bonnettes « achromatiques »), pour voir ces effets indésirables disparaître. Sachez également que la plupart des bonnettes possèdent des pas de vis permettant de les cumuler.

Une règle est alors à respecter pour limiter les aberrations : toujours placer la lentille de plus grande dioptrie sur l'objectif et éviter d'utiliser plus de deux lentilles. Bien sûr, une simple lentille de 5 D donnera de meilleurs

Après l'effort, le réconfort : je vous propose donc de confectionner votre propre bonnette (pour reflex, compact ou bridge), à l'aide d'une simple loupe et d'une chute du paquet de chips précédemment utilisé.

Si cette dernière est plus étroite que votre loupe, découpez un sillon traversant sa longueur de part en part.

Découpez ensuite un léger décrochement en partant du bord, qui servira à maintenir la loupe en place.

Il ne vous reste plus qu'à couvrir votre objectif de sa nouvelle coiffe !

Sans bonnette

Canon 5D Mark II
100 mm
f/2.8

Avec bonnette artisanale

Qui aurait cru qu'un tel montage puisse donner de si bons résultats ? Certainement pas moi… Le grandissement est ici moins important qu'avec de vraies bonnettes, mais la qualité globale reste très correcte.

résultats que deux lentilles de 1 D et de 4 D vissées l'une sur l'autre.

Multiplicateur de focale

Je terminerai par un accessoire un peu à part, car il ne permet pas de diminuer la distance minimale de mise au point mais au contraire de la conserver : le multiplicateur de focale. Pourquoi donc aborder un tel ustensile ici alors que l'on souhaite augmenter

le grandissement et que ce résultat passe nécessairement par une diminution de la distance entre sujet et capteur ? Vous allez voir… mais d'abord, définissons cet objet ô combien intrigant. Langue française et bon sens étant à de rares occasions compatibles, on pourrait croire qu'un multiplicateur de focale multiplie « bêtement » la focale de l'objectif auquel il est associé. Eh bien, c'est tout à fait cela : cet accessoire, qui s'intercale entre le boîtier et l'objectif à la manière d'une bague-allonge, est caractérisé par un coefficient de multiplication (× 1.4, × 2, × 3, etc.). Ainsi, en associant un multiplicateur × 2 à un objectif de focale 100 mm, vous le transformez littéralement en objectif de focale 200 mm ! Mais quel mystère se cache donc derrière cette optique particulière ? Sachez que vous avez en main toutes les clés pour pouvoir répondre à cette interrogation. Résumons : même distance de mise au point mais focale plus longue… mais c'est bien sûr ! En multipliant la focale sans changer la distance de mise au point, on réalise une prise de vue en plan plus serré et donc le grandissement augmente ! Fascinant ! Donc, en associant un doubleur de focale (× 2) à un objectif 50 mm de rapport de grandissement maximal de 1:2, vous obtenez un objectif de 100 mm de grandissement maximal de 1:1. Doté d'éléments optiques (comme la bonnette) et augmentant le tirage (comme la bague), on pourrait penser qu'il cumule les inconvénients de ces deux accessoires… ce qui est malheureusement le cas :

- **la perte en lumière occasionnée** est d'autant plus grande que le coefficient de multiplication l'est : en ajoutant un multiplicateur × 1.4, la lumière est divisée par deux, et par quatre en ajoutant un doubleur ;
- **l'ajout d'éléments optiques dégrade l'image finale** et il est conseillé de ne pas dépasser un coefficient de multiplication supérieur à 2 (1.4 étant l'idéal selon moi) ;

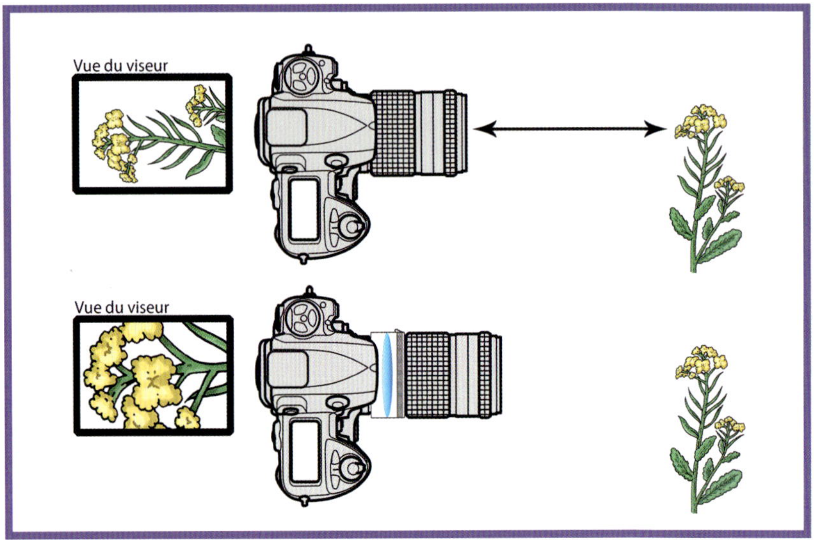

Le multiplicateur, qui permet également d'augmenter le rapport de grandissement, cumule les inconvénients des bagues-allonges et des bonnettes.

Sans multiplicateur

Fuchsia
Canon 20D
100 mm
f/2.8
1/800 s
ISO 200

Avec multiplicateur

– de plus, l'allongement de la focale ainsi réalisé amplifie les mouvements de l'appareil et vous expose au flou de bougé.
En revanche, on conserve la mise au point à l'infini !
Dans le cas présent, pas de nouvelle distance de mise au point à calculer, et le rapport de grandissement s'obtient par simple multiplication. J'entends d'ici exulter les plus réfractaires aux mathématiques d'entre vous.
Enfin, c'est la mort dans l'âme que je vous annonce que la formule optique du multiplicateur complexifie grandement une éventuelle fabrication « maison », mais croyez bien que mon équipe de scientifiques travaille en ce moment même sur la réalisation d'un tel montage.
Point de calcul à faire, point d'atelier bricolage… un paragraphe des plus sombres, je vous l'accorde. Oublions vite cette déconfiture et passons à la suite.

Tuteur

Nous avons abordé quelques pages auparavant le matériel et les techniques corporelles qui pouvaient nous aider à lutter contre les tremblements et ainsi éviter le flou de bougé. Mais qu'en est-il si ce n'est pas le photographe qui bouge, mais son sujet, comme c'est le cas d'une plante virevoltant sous l'effet d'une bourrasque de vent ? Deux solutions s'offrent à vous : attendre une accalmie ou la provoquer à l'aide d'un accessoire. Trois cas de figure vont se présenter, dépendant notamment de la hauteur de la fleur (plante) que vous souhaitez immortaliser :

J'ai ici utilisé un mètre de fil de cuivre et une pince pour me constituer un diffuseur autoporté.

– Si celle-ci s'élève de quelques centimètres au-dessus du sol (primevères, pensées, etc.), je vous invite à utiliser votre « diffuseur poignée » pour faire physiquement barrage au souffle puissant de Dame Nature. Fixez-le sur un trépied (ou un morceau de bois trouvé sur le terrain et que vous aurez préalablement enfoncé dans le sol) à l'aide d'un morceau de fil de fer rigide, qui fera office de bras télescopique orientable. Puis placez-le à hauteur de fleur : comme celle-ci ne mesure que quelques centimètres, ce dispositif la protégera intégralement.
– Si la plante en question possède une grande tige (tulipes, roses, etc.), qui favorise particulièrement la prise au vent, il s'agira de trouver un moyen de maintenir toute la structure en place. Pour ce faire, je vous invite à toujours vous munir d'une pince

à linge lors de vos excursions photo. Couplée à un tuteur de fortune constitué d'un morceau de bois planté dans le sol, elle vous permettra de solidariser la tige et le piquet, pour ainsi gagner en stabilité. Veillez toujours à ce que votre pince n'endommage pas la plante : mieux vaut se résigner à prendre une photo pour préserver votre sujet que déclencher à n'importe quel prix !

– Si maintenant votre sujet possède une tige longue et des pétales fins (iris, coquelicots, etc.), recevez tous mes encouragements, car vous recherchez vraisemblablement la difficulté. En effet, si vous vous contentez d'immobiliser la tige avec le tuteur, les pétales fins continueront à vaciller sous l'action du vent. Rien d'insurmontable cependant, car il vous suffira alors de combiner les deux techniques évoquées ci-dessus et d'utiliser votre diffuseur, en plus du tuteur, pour protéger les parties fleuries.

Corps humain

Outre l'utilisation comme paravent qu'il peut offrir, mon corps m'a permis de mettre au point une technique autorisant la prise de vue de fleurs en pleine journée, en plein soleil, et sans aucun accessoire ! Mais comme je ne souhaite pas que cette méthode s'ébruite, d'autant qu'on se la transmet secrètement de génération en génération dans ma famille, et ce depuis une génération, je ne peux malheureusement pas vous en dire plus. Très bien ! puisque vous insistez : il s'agit simplement de vous interposer entre la fleur et le soleil de manière à ce que votre ombre la recouvre totalement, ou du moins recouvre la partie que vous souhaitez photographier. Mais ce n'est pas tout : assurez-vous également que la lumière atteigne l'arrière-plan, sans rencontrer d'obstacle cette fois. Au final, votre sujet, éclairé d'une lumière douce et tamisée qui facilitera grandement l'exposition, apparaîtra sur un fond lumineux éclatant. Cette technique fonctionne d'autant mieux que la focale utilisée est longue.

Les fleurs, plongées dans l'ombre, apparaissent sur un arrière-plan éclatant.

***Orchis* sp., Orchis sp.**
Canon 5D Mark II
65 mm
f/4.5
1/125 s
ISO 400

Fabacées sp.
Canon 5D Mark II
100 mm
f/3.5
1/160 s
ISO 100

Filtre

Le filtre est un dispositif venant se fixer à l'avant de l'objectif et qui permet d'obtenir des effets aussi divers que variés, même s'il s'agit la plupart du temps d'ajouter une dominante colorée à la photo. Il existe une multitude de filtres, mais je n'en retiendrai que trois dans le cadre de la photo botanique :

– Tout d'abord le filtre UV, dont tout le monde s'accorde à dire qu'il ne sert à rien : il n'affecte en effet ni la saturation, ni les couleurs, ni même la luminosité de la photo finale. Il est pourtant indispensable dans le cadre de la photo de fleur, car, fixé sur votre objectif, il va jouer un rôle de bouclier et protéger votre lentille frontale des chocs et des rayures (on ne soupçonne pas le pouvoir rayant d'une épine de rose…).

– Vient ensuite le filtre gris neutre, qui risque d'être incontournable dans une situation bien précise : le filé de fleur sur profondeur de champ réduite (on jugerait qu'il s'agit là du nom d'un plat cuisiné, non ?). En effet, qui dit « filé » dit « vitesse d'obturation lente », et qui dit « faible profondeur de champ » dit « grande ouverture de diaphragme »… donc des paramètres de prise de vue qui laissent entrer une grosse quantité de lumière dans l'appareil. Pour éviter de surexposer sa photo, on peut alors recourir au filtre gris neutre. Il se caractérise par un coefficient ND (*Neutral Density* en anglais) d'autant plus grand qu'il fait perdre en lumière : un filtre ND 2 en laisse passer 50 % ; ND 4, 25 % ; ND 8, 12,5 % ; ND 100, 1 % ; etc.
On obscurcit donc artificiellement le cliché pour allonger le temps de pose sans modifier l'exposition.

– Enfin, le filtre le plus intéressant à mon sens est le filtre polarisant. Essayons de faire simple, car la polarisation est un sujet très complexe : la lumière, qu'elle soit naturelle ou artificielle, est une onde électromagnétique qui vibre dans toutes les directions, dans un plan perpendiculaire à celui de la propagation du rayon lumineux. Un filtre polarisant va obliger cette lumière à ne vibrer que dans une

Rose
Canon 5D Mark II
100 mm
f/2.8
1 s
ISO 100

Une telle photo serait délicate, pour ne pas dire impossible à réaliser sans filtre gris neutre : ici, les conditions lumineuses sont telles que seuls quelques centièmes de seconde sont nécessaires pour une exposition correcte… paramètre incompatible avec la notion de filé. Notez que ce dernier n'affecte ici pas le sujet, mais son environnement : on voit assez nettement les rebonds qu'effectuent les gouttes de pluie en entrant en contact avec les pétales, et, dans une moindre mesure, leur traînée en arrière-plan.

Sans filtre

Avec filtre

Narcisse
Canon 20D
300 mm
f/4
1/500 s (sans filtre)
1/400s (avec filtre)
ISO 160

seule direction, définie par l'utilisateur. Mais dans quel but ? En photographie au sens large, ces accessoires sont utilisés pour atténuer, ou même parfois supprimer, les reflets générés par la rencontre d'ondes lumineuses et de surfaces brillantes, ou encore pour accentuer le bleu du ciel, dont la lumière est en partie polarisée. Pour résumer : réduction des reflets et accentuation de la saturation et des contrastes. Parfait… mais quel est donc l'intérêt d'un tel filtre pour nous, photographes botanistes ? Pour ce qui est du ciel bleu, la réponse est évidente si vous utilisez un grand-angle comme objectif de prédilection, car vos clichés risquent bien de laisser apparaître un morceau d'azur. Par ailleurs, cet accessoire se révélera d'une aide précieuse pour dévoiler les couleurs des fleurs en les saturant légèrement, pour éviter les reflets disgracieux générés par les pétales fins et soyeux (chez certaines variétés d'iris, coquelicots, etc.) ou les pétales très clairs, et si vous voulez vous essayer à la photo de gouttes d'eau, sujet assez technique que nous traiterons plus tard.
Attention cependant : utiliser un filtre polarisant revient à supprimer certaines composantes de la lumière ; on perdra donc quelques IL au passage.

LOGICIELS

Ouvrage traitant de la photographie numérique oblige, voici l'usuel chapitre consacré aux retouches, corrections et autres bidouilles informatiques, où vous découvrirez comment faire d'une photo ratée une œuvre d'art, comment incruster un palmier dans un champ de tulipes, ou encore comment créer une explosion pyrotechnique spectaculaire et réaliste pour agrémenter le triptyque d'une éclosion de fleur de nénuphar…

Eh bien non ! Je suis sans doute de la vieille école, mais pour moi, une photo se réussit (ou se rate) à la prise de vue. Autant un léger post-traitement, affectant la globalité de l'image, s'avère indispensable pour révéler le potentiel de chaque cliché, autant la retouche pure et dure, qui ne s'applique qu'à quelques zones bien définies, est à proscrire. Vous ne trouverez donc pas ici de conseils d'utilisation de Photoshop (qui au passage est le plus onéreux des logiciels de retouche… pourquoi donc le prendre systématiquement comme référence ?), mais je consens tout de même à vous livrer l'ensemble des manipulations que j'effectue entre le transfert d'une photo sur mon ordinateur et sa publication ou son impression. Apprêtez-vous donc à recevoir tout mon savoir, forgé par de nombreuses années d'expérience dans l'utilisation de ce type de logiciel. Êtes-vous prêt ? Alors voilà : ouvrir le fichier, régler, en jetant un coup d'œil furtif à l'histogramme, la luminosité, le contraste, la saturation, la netteté, puis enregistrer le fichier. Plutôt dense et indigeste, mais je vous avais prévenu : il s'agit là des connaissances de toute une vie. Ceci étant dit, abordons maintenant les éléments réellement importants de l'univers du numérique.

Formats de fichiers

Premier cas de conscience auquel vous serez confronté, avant même de penser aux paramètres de prise de vue, la sélection du format de fichier de sortie va déterminer le type de compression qui sera utilisé pour enregistrer votre photo sur la carte mémoire de l'appareil. Le format JPEG, proposé sur tous les appareils numériques, entrera alors en compétition avec le format RAW, disponible sur les compacts et bridges haut de gamme, et sur tous les reflex.

JPEG

Le format JPEG (Joint Photographic Experts Group) est le format de compression qui offre à ce jour le meilleur compromis entre qualité d'image et poids de fichier. Ces deux paramètres sont d'ailleurs intimement liés, puisque la qualité d'une image est déterminée par la quantité d'informations qu'elle contient ; et malheureusement, dans le monde numérique, la monnaie d'échange est l'octet : plus détaillée sera une photo, meilleure sera sa qualité, mais plus la place qu'elle occupera sur votre espace de stockage sera importante.

Pour maximiser le gain en place, l'algorithme de compression JPEG va, et je simplifie à l'extrême ce processus autrement plus complexe, regrouper les pixels contigus qui sont « presque » de la même couleur sur l'image : plus les regroupements de pixels sont nombreux et moins d'informations sont à enregistrer, donc moins le fichier est volumineux. En compression minimale seront par exemple regroupés les pixels « rose » et « saumon », alors qu'en compression maximale, où règne l'anarchie la plus totale, il ne sera pas étonnant de voir regroupés des pixels « rouge banane » et « vert poussin ». L'algorithme est par ailleurs dit destructif : à chaque enregistrement de fichier, même en compression minimale, certaines informations seront supprimées ; veillez donc à faire toutes vos modifications d'une seule volée et ne plus toucher au fichier ensuite.

0 %

100 %

Une forte compression se matérialise notamment par des transitions par palier dans les dégradés couleur.

Gentiana acaulis
Canon 5D Mark II
100 mm
f/2.8
1/2500 s
ISO 250

Le mode de sélection de la qualité se définit généralement sur une échelle graduée, qui, selon le logiciel de traitement de l'image utilisé, s'étend de 0 à 12 ou de 0 % à 100 % : dans les deux cas, la valeur la plus grande correspond à la plus petite compression, et donc la meilleure qualité. Vous avez d'ailleurs dû vous apercevoir qu'une qualité d'enregistrement vous est proposée dans la configuration de vos appareils, souvent sous la forme S (Small), M (Medium), L (Large), parfois complétée par la sélection d'un mode de compression : Basique, Normale ou Fine. De deux choses l'une :

– si vous n'avez pas d'autres options que S, M et L, chaque paramètre va correspondre à une résolution et une compression donnée. Par exemple, en sélectionnant le mode S, la taille de la photo finale est de 1 500 × 1 000 pixels et la compression fixée à 40 % (une image petite et, n'ayons pas peur des mots, moche). À l'inverse, en mode L, votre résolution passe à 4 500 × 3 000 (j'invente les chiffres au fur à et à mesure) et la compression à 100 % ;

– si les options Basique, Normale et Fine sont également disponibles, vous pourrez régler indépendamment

RAW

JPEG

***Anacamptis pyramidalis* sp.**
Orchis pyramidale
Canon 5D Mark II
15 mm
f/5.6
1/640 s
ISO 200

La première image est directement issue du derawtiseur : le fichier RAW a été manipulé puis enregistré au format JPEG. Les mêmes traitements ont été effectués sur la seconde, mais en partant cette fois du fichier JPEG généré par l'appareil. On constate une perte significative d'informations dans ce dernier cas. Bien que les deux photos semblent similaires, celle de droite est de moins bonne qualité.

la résolution de votre image et sa compression.
Comme nous visons ici la qualité d'image et que nous ne sommes pas regardants quant à l'espace de stockage utilisé (apprenez à ne plus l'être si tel n'est pas encore le cas), nous sélectionnerons systématiquement les paramètres L et Fine, pour une qualité maximale… enfin, sauf si vous combinez les formats JPEG et RAW bien sûr, mais nous verrons cela par la suite.
Outre les gains en place que sa compression offre, l'autre atout du format JPEG est qu'il est considéré comme LE format d'enregistrement d'une photo, et il est donc nativement lisible, sans ajout de « décodeur » spécifique, par toute plate-forme susceptible d'ouvrir des images : ordinateurs, smartphones, boîtiers multimédia, lecteurs DVD de salon, consoles de jeux, etc. Vous pourrez donc visualiser instantanément vos clichés en branchant votre carte mémoire directement sur ces appareils (s'ils disposent du port approprié, bien sûr !).

RAW

Comme son nom l'indique (*raw* signifie « brut »), ce format de fichier contient l'ensemble des informations enregistrées par le capteur (compressées sans perte de données), un peu à l'exemple du négatif au temps de l'argentique. L'image ainsi générée est dite brute car, contrairement à un fichier au format JPEG, qui a subi différentes opérations de saturation, contraste, accentuation ou encore réglage de balance des blancs avant d'être enregistré sur la carte mémoire, le fichier RAW est vierge de tout traitement.
Différence notable avec le format JPEG, un fichier RAW est inexploitable en tant que tel (d'autant qu'il existe à peu près autant de formats différents que de marques de boîtiers) et doit être traité à l'aide d'un logiciel spécifique (dit « derawtiseur »), capable d'interpréter les données qu'il contient et susceptible de générer un fichier dans un format « exploitable » : JPEG ou TIFF (format de sauvegarde non destructif et non compressé… donc très volumineux).
Une fois de plus, en partant d'un RAW, on aboutit à un JPEG ! Absolument, mais à un détail près : ce n'est plus le capteur qui va effectuer une batterie de traitements électroniques automatisés à partir du RAW pour générer un JPEG, mais vous. Et c'est là toute la différence : si vous choisissez le format JPEG dans les paramètres de votre appareil, vous aurez effectivement une image directement exploitable, mais vous ne pourrez jamais revenir à l'image originellement délivrée par le capteur et chaque nouvelle manipulation dégradera un peu plus le fichier.
À l'inverse, en partant du fichier RAW,

vous pourrez créer une infinité de fichiers JPEG différents, et si par malheur vous constatez que ces fichiers « finaux » pèchent par un détail (luminosité, contraste, etc.), au lieu de retravailler le fichier lui-même (et donc le dégrader en l'enregistrant après vos corrections effectuées), vous n'aurez qu'à repartir du RAW, effectuer la ou les modifications adéquates et enregistrer un nouveau fichier JPEG, qui cette fois n'aura subi aucune altération.

Très bien, mais que se passe-t-il si je modifie le contraste de mon fichier RAW et que j'enregistre ma modification par mégarde au lieu de l'exporter dans un fichier au format JPEG, par exemple ? Je perds mon fichier original ? Non. Cette réponse étant un brin concise, je vais la développer : non, car un fichier RAW étant absolument inaltérable, l'option « enregistrer » n'est donc tout simplement pas disponible… ou tout au moins il est possible à tout moment de réinitialiser les réglages. Vous pouvez donc dormir tranquille.

Je vous parle de quantité d'informations depuis le début de ce chapitre sans vous donner les ordres de grandeur : sachez qu'un fichier JPEG est encodé sur 8 bits (2^8 = 256 niveaux), alors qu'un RAW l'est sur 12 bits (2^{12} = 4 096 niveaux), voire 14 bits (2^{14} = 16 384 niveaux)… et par « niveaux » j'entends « valeurs possibles par pixel ». Cela ne vous évoque peut-être pas grand-chose, mais c'est pourtant fondamental, et concrètement vous allez pouvoir « récupérer de l'information » dans les zones brûlées ou bouchées, opération délicate avec un fichier JPEG. Enfin, pour être précis, et même si cela reste vrai pour les zones sombres, c'est surtout dans les zones claires que le format RAW révélera son potentiel : en effet, les données provenant du capteur se répartissent toujours (quel que soit le format) de manière à privilégier les hautes lumières.

La répartition non linéaire des niveaux suit le schéma suivant :

JPEG 8 bits (256 niveaux)	
Tons très clairs	128 niveaux
Tons clairs	64 niveaux
Tons moyens	32 niveaux
Tons sombres	16 niveaux
Tons très sombres	8 niveaux

RAW 12 bits (4 096 niveaux)	
Tons très clairs	2 048 niveaux
Tons clairs	1 024 niveaux
Tons moyens	512 niveaux
Tons sombres	256 niveaux
Tons très sombres	128 niveaux

(Le compte n'est pas bon : en additionnant les niveaux, on constate qu'il en manque, car on considère que la dynamique des capteurs actuels ne s'étage que sur 5 paliers.)

Pour cette raison, si pendant une prise de vue de fleur aux pétales clairs vous avez le choix entre :

– exposer correctement le sol mais par la même occasion surexposer légèrement votre fleur,

– exposer correctement votre fleur mais par la même occasion sous-exposer légèrement le sol,

choisissez la première option, car au final vous pourrez ainsi garder les détails des pétales lors du traitement du fichier RAW.

Notez au passage que la répartition la plus faible en niveaux du format RAW correspond à la plus dense en JPEG (128 niveaux) : plus aucune raison d'hésiter entre les deux formats ! Attention cependant : la quantité impressionnante d'informations que détient un fichier RAW a un coût en octets, qui explique qu'en moyenne ce type de fichier est 4 à 5 fois plus volumineux qu'un fichier JPEG ; il occupe donc plus de place sur votre espace de stockage et nécessite plus de ressources pour être traité par votre ordinateur.

Verdict

Nous l'avons vu dans les paragraphes précédents, bien que fondamentalement différents, ces deux formats sont indissociables, et finalement le fichier JPEG obtenu est toujours issu d'un fichier RAW.

Si votre appareil ne dispose pas de la fonctionnalité RAW, tentez de réussir au mieux vos photos en JPEG dès la prise de vue pour éviter les retouches « destructrices » ; s'il propose le RAW, c'est évidemment la solution à retenir ; s'il propose les deux simultanément (chaque prise de vue génère donc un fichier RAW et un fichier JPEG), c'est encore mieux : une fois tous ces fichiers sur votre disque dur, vous pourrez les présélectionner en faisant défiler les fichiers JPEG (directement reconnus) et travailler sur les RAW une fois votre tri effectué. Dans cette dernière configuration, comme les fichiers JPEG ne vont finalement servir que d'aperçus, vous aurez tout intérêt à limiter la place qu'ils occuperont sur votre carte mémoire en sélectionnant une qualité S ou une faible résolution.

Espaces de couleurs et profils ICC

Espaces de couleurs

Dans son cycle de vie normal, une photo passe successivement par l'appareil, par le logiciel de retouche et… c'est tout, car reconnaissons que peu de nos photos numériques quittent leur nid douillet une fois téléchargées sur l'ordinateur… Mais admettons que certains d'entre vous puissent vouloir imprimer leurs clichés : un nouveau périphérique entre alors en jeu, l'imprimante (la vôtre ou celle du labo photo). Vous conviendrez que dans ces conditions, il est indispensable d'assurer une cohérence de couleurs lors du passage d'un périphérique à l'autre, pour que l'image imprimée possède les mêmes teintes que la scène telle qu'elle était lors de la prise de vue.

Nous allons pour cela, et une fois de plus, prendre notre œil comme référent : bien que possédant plusieurs millions de photorécepteurs (ou cônes) dédiés à l'identification des couleurs, notre œil n'en affiche que trois différents. Ces trois types de cônes, rouges, verts et bleus, à l'exemple des

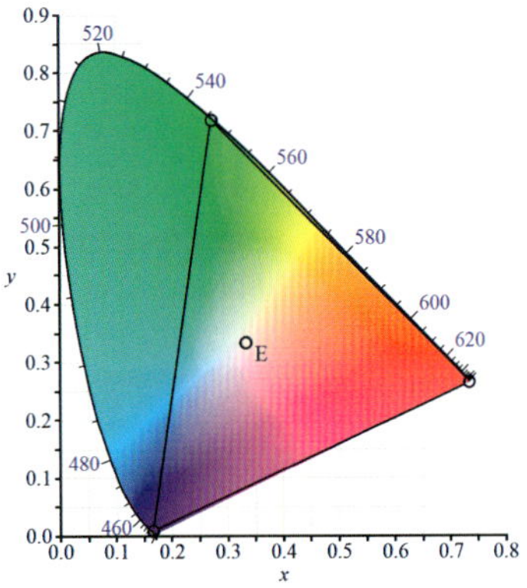

Le gamut RVB est ici représenté par un triangle, et l'espace CIE xyY, ensemble des couleurs visibles, par la courbe en « fer à cheval ».

photosites du capteur numérique, sont respectivement sensibles à la lumière rouge, la lumière verte et la lumière bleue. Toute couleur devrait donc être identifiée par le triplet « rouge, vert, bleu » que l'on pourrait ensuite reporter dans un espace en trois dimensions pour obtenir la totalité des couleurs visibles par l'œil humain : ainsi naquirent les premiers systèmes RVB. Malheureusement, ceux-ci ne permettent pas de décrire toutes les couleurs visibles, et pèchent dans la restitution des saturations. Partant d'une série d'équations (dans lesquelles j'ai tenté de me plonger et qui ont réussi à retenir mon attention pendant environ trois secondes), la CIE (Commission internationale de l'éclairage) a déduit un système plus abstrait, nommé XYZ, affichant cette fois l'ensemble du spectre décelable par l'œil humain : chacune de ses composantes représente alors la teinte, la saturation et la luminance (intensité lumineuse) de chaque couleur. Les schémas qui suivent prennent comme référence l'espace CIE xyY, dérivée bidimensionnelle du CIE XYZ. Parfait, mais bon… on l'aimait bien, nous, notre bon vieil espace RVB ! Soyez rassuré : l'espace XYZ n'étant que peu pratique, on travaille usuellement

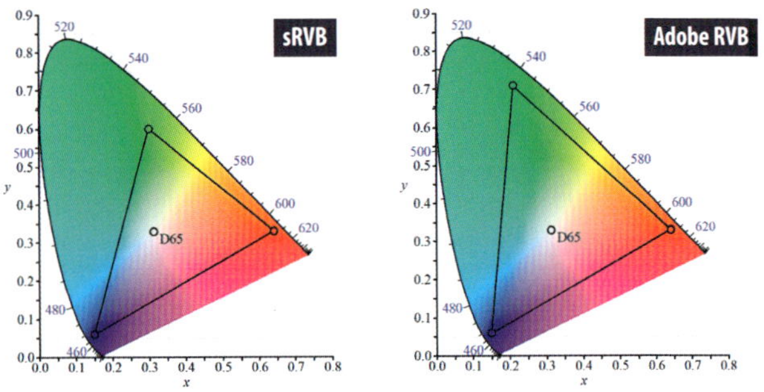

Adobe RVB

RVB

Canon 5D Mark II
65 mm
f/2.8
1/125 s
ISO 500

sur ses sous-espaces, ou *gamuts*, basés sur les modèles colorimétriques CMJN (cyan, magenta, jaune, noir)… ou RVB (ouf !), certes appauvris en couleurs, mais qu'importe, car aucun appareil photo, aucune imprimante ni aucun écran n'est aujourd'hui capable de restituer toutes les couleurs visibles. Mettons CMJN de côté si vous le voulez bien (qui admet non pas trois composantes comme RVB, mais quatre), standard colorimétrique pour l'imprimerie, et intéressons-nous davantage à RVB, optimisé pour l'affichage sur des moniteurs d'ordinateurs et des périphériques d'acquisition comme… les appareils photo ou les scanners. Si la taille restreinte du gamut RVB vous avait déçu, vous allez certainement être ravi d'apprendre qu'au moment de la prise de vue, seuls deux espaces colorimétriques vous seront proposés : sRVB et Adobe RVB, créés pour assurer une gestion cohérente des couleurs d'un équipement à un autre… et dont

Voici le résultat (à gauche) auquel vous pouviez vous attendre si vous enregistriez les photos destinées à votre site Internet (ou forum, ou autres) dans un autre espace que sRVB : des couleurs moins saturées et un rendu plus fade. sRVB étant l'espace colorimétrique standard utilisé par les navigateurs Internet d'antan, les images issues d'un autre profil s'affichaient avec des couleurs erronées. Fort heureusement, les navigateurs actuels prennent désormais presque tous en compte plusieurs profils de couleurs, dont Adobe RVB, permettant à ce « clin d'œil floral » de garder son éclat une fois sur la toile.

les gamuts respectifs sont plus étroits que le gamut RVB.
Adobe RVB ou sRVB ? Si vos photos sont destinées à être tirées, la logique imposera de choisir l'espace le plus étendu, et c'est donc tout naturellement que votre choix se portera sur l'espace Adobe RVB.
En effet, Adobe RVB comprend des couleurs imprimables qui ne peuvent pas être définies en sRVB, notamment dans les verts et les bleus. L'image délivrée contiendra ainsi plus d'informations, et cet espace est donc préconisé pour les tirages, pour peu que l'on soit exigeant sur la restitution des couleurs. sRVB n'en reste pas moins intéressant, puisqu'il est l'espace colorimétrique standard pour les moniteurs : comprenez que les espaces couverts par les moniteurs contiennent (au moins) la totalité des couleurs présentes dans l'espace sRVB. Par conséquent, il est particulièrement conseillé pour tous les affichages écran : diaporama de photos, mise en ligne sur son site Web, etc.

Profils ICC

Le problème des espaces colorimétriques, RVB ou CMJN, vient du fait qu'ils ne peuvent pas être utilisés comme référence pour la détermination d'une couleur. Ainsi, un même triplet RVB affiché sur deux écrans distincts renverra deux couleurs sensiblement identiques, mais néanmoins différentes. De cette constatation est née la nécessité de créer un profil ICC, sorte de carte d'identité colorimétrique d'un appareil (écran, imprimante, etc.), qui, outre son gamut, contient également les corrections à apporter à chaque couleur pour la faire correspondre avec celle d'un espace colorimétrique de référence (pour un maximum de complexité, on prend alors comme référence un nouvel espace, dit Lab, version revue de l'espace XYZ, mais cependant équivalente). Grâce à ces profils ICC, votre image passe de périphérique en périphérique en conservant les mêmes couleurs.
Sachez de plus que même les images peuvent contenir un profil ICC, qui sert alors à définir la manière d'afficher les couleurs qu'elles contiennent (toujours en les rapportant à des valeurs de l'espace Lab). Oui, mais si l'image ne contient pas de profil ICC (une image récupérée sur Internet par exemple) ? Votre logiciel de retouche d'image, qui ne sait alors pas comment l'afficher correctement, l'ouvrira dans l'espace colorimétrique par défaut (que vous avez configuré)… La restitution des couleurs peut alors parfois provoquer de violentes hémorragies oculaires en cas de mauvais choix de l'espace de référence (choisissez sRVB pour éviter les mauvaises surprises et les rendez-vous chez l'ophtalmo).
Illustrons ces propos à l'aide d'un exemple : d'un côté, je vais afficher un carré gris RVB (90,90,90) dans un espace de travail « neutre » (donc non lié à un périphérique), ici sRVB ;

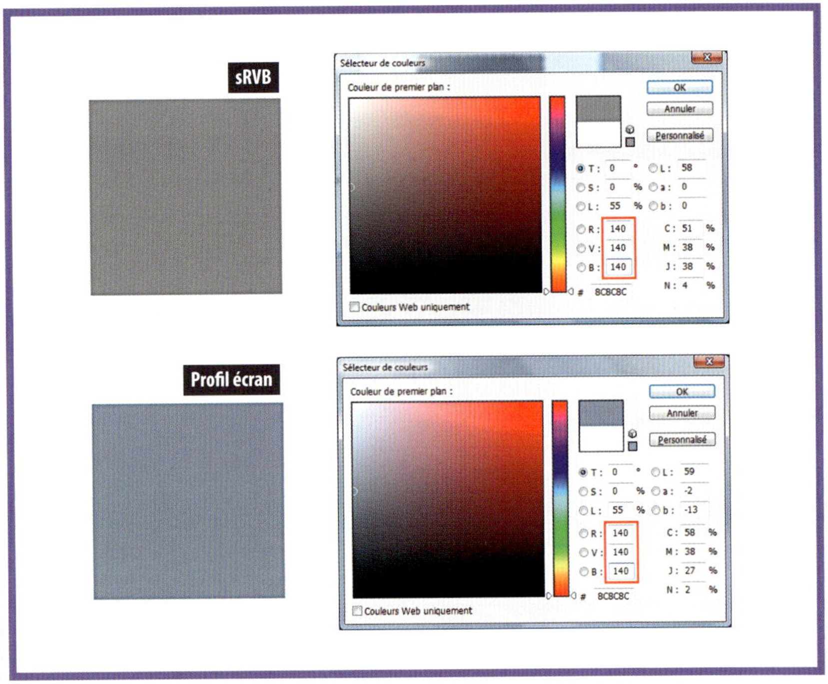

Affichage écran d'un carré gris dans deux espaces de travail différents.

Impressions papier pour trois résolutions différentes.

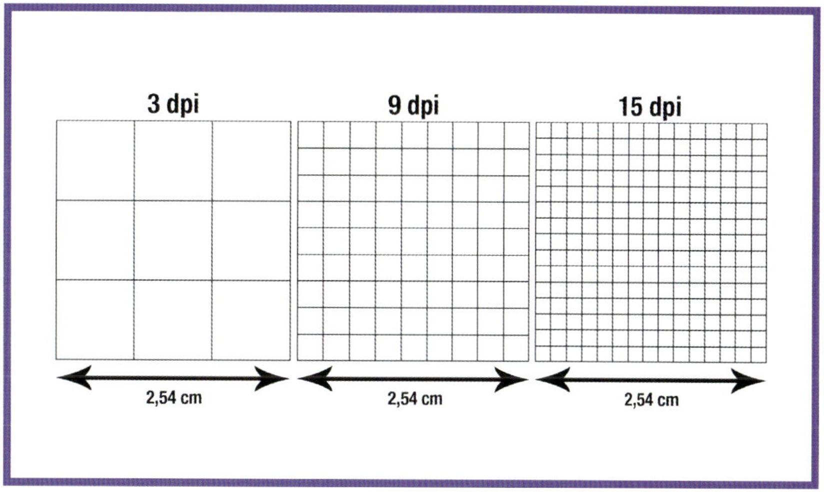

de l'autre, je tente de réaliser la même opération, mais en utilisant le profil ICC de mon écran comme espace de travail. Les images parlent d'elles-mêmes, et c'est le drame : dans le premier cas, le gris RVB (90,90,90) se retrouve bien gris sur mon écran (calibré à l'aide d'une sonde) ; dans le second cas, il apparaît légèrement bleu.
Moralité : toujours prendre pour espace de travail un espace colorimétrique « neutre » (sRVB, Adobe RGB 1998, etc.).

Impressions et tirages

Profils ICC

Encore ? Oui, je sais… mais juste une dernière petite chose : le profil ICC d'une imprimante étant généralement installé sur votre ordinateur en même temps que le pilote d'impression, votre logiciel de traitement de l'image a donc accès à ce profil et peut ainsi rectifier les couleurs pour faire correspondre l'image affichée et l'image imprimée. Mais qu'en est-il si vous imprimez vos photos sur une imprimante non physiquement installée sur votre ordinateur, comme c'est le cas quand vous confiez vos clichés à un labo en ligne ? Sans information complémentaire, vous pouvez raisonnablement supposer que celui-ci travaille en profil ICC sRVB. Sinon, certains laboratoires, comme Photoweb pour ne pas le citer, proposent le téléchargement de profils ICC adaptés à leur matériel : il vous suffit de les récupérer et de les installer sur votre ordinateur, pour que tout se passe ensuite à la manière d'une imprimante locale.

Taille, résolution et rééchantillonnage

Taille. Si vous vous êtes déjà essayé à l'impression on-line de vos photos via des sites spécialisés, ou si vous vous y essayez un jour, vous constaterez que les tailles possibles d'impression ne sont pas répertoriées par taille de capteur, mais par dimensions des tirages finaux. Comment trouver le juste format dans la jungle qui vous est proposée ? Il va vous falloir connaître les dimensions, ou tout du moins le rapport longueur/largeur de votre capteur.
Prenons un exemple : votre capteur a pour résolution 12 mégapixels, répartis de la manière suivante : 4 000 en longueur et 3 000 en largeur. Le rapport longueur/largeur est donc 4/3. Les formats possibles pour votre tirage seront donc ceux dont les proportions sont également de 4/3 : 40 cm par 30 cm, 20 cm par 15 cm, etc. Si vous ne respectez pas ce ratio, le tirage final comportera une bande noire soit en haut et en bas, soit sur les côtés. Comme le tireur, en bon professionnel qu'il est, ne va pas vous faire parvenir des photos affublées de bandes disgracieuses, il les « rognera » (le fichier numérique, pas le tirage papier) pour les adapter aux dimensions du tirage.
Attention : ceci n'est valable que dans le cas où vous ne recadrez pas vos photos (« recadrer » signifie en enlever une partie) ! Dans le cas contraire, il faudra se baser, non pas sur la taille de votre capteur, mais sur la taille du fichier numérique recadré ! Prudence !
Résolution. Autre point important à évoquer, il me semble, celui de la qualité d'impression du tirage. Une fois de plus, celle-ci va dépendre de la résolution de votre capteur (ou de celle de votre fichier numérique

si vous êtes adepte du recadrage), mais également de la résolution de l'imprimante ayant servi au tirage, résolution exprimée en dpi (*dot per inch*, « point par pouce » en français). Effectuons un tirage à 300 dpi et prenons une loupe : il semblerait que l'imprimante ait associé 1 pixel de la photo numérique à 1 point sur le tirage papier… pas de problème jusque-là, c'est ainsi que fonctionnent ces appareils. Comptons ces points maintenant : ils sont au nombre de 300 sur chaque unité de longueur de 2,54 cm (1 pouce dans le système métrique anglais) sur le tirage.
Plus la résolution d'impression sera élevée, plus la densité de points par pouce et donc la précision du tirage seront grandes. S'il fallait vraiment généraliser, je dirais qu'un tirage est de très bonne qualité à partir de 300 dpi (mais vous allez voir qu'il y a quelques subtilités).
Le rapport avec la résolution de votre capteur/fichier numérique ? Celle-ci, à résolution d'impression donnée, va fixer la taille du tirage. Prenons l'exemple d'une photo de 4 000 pixels par 3 000 pixels, imprimée à 300 dpi. Le tirage affichera 4 000 points dans la longueur et 3 000 points dans la largeur. Or, nous avons vu qu'à l'impression celui-ci comptait 300 points dans 2,54 cm ; donc 4 000 points auront pour longueur 4 000 × 2,54/300 = 33,8 cm.
3 000 points quant à eux auront pour longueur 3 000 × 2,54/300 = 25,4 cm.
Notre tirage en 300 dpi aura donc les dimensions suivantes : 33,8 cm × 25,4 cm.
Pour une impression à 100 dpi, on aurait eu : 4 000 × 2,54/100 = 101,6 cm et 3 000 × 2,54/100 = 76,2 cm, soit un format de 101,6 cm × 76,2 cm.
Conclusion : plus la résolution d'impression augmente, et donc plus la qualité est élevée, plus le tirage sera petit, et inversement. Un dilemme de plus donc !

Rééchantillonnage… ou non. Les plus curieux d'entre vous l'auront découvert par eux-mêmes : si d'aventure vous consultez les propriétés de votre photo dans votre logiciel de traitement de l'image, plusieurs informations devraient apparaître, sa longueur et sa largeur en pixels, sa longueur et sa largeur en cm et la résolution d'impression.

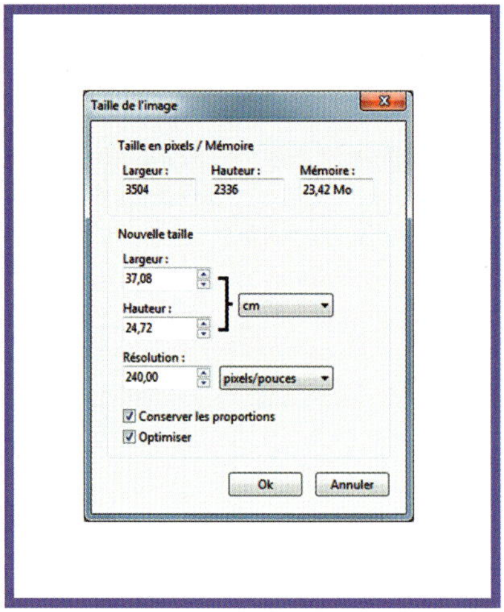

On s'aperçoit que l'image en question fait 3 504 × 2 336 pixels, ce qui nous donne une résolution de 8,2 mégapixels : me voici rassuré, car c'est précisément la résolution qui était affichée quand j'ai acheté mon boîtier. En 240 dpi, mon tirage papier mesurera 37,08 cm × 24,72 cm, ce qui concorde avec les calculs précédents. Jusqu'ici, aucun problème. Sauf que j'aimerais pouvoir tirer ma photo en 45 cm × 30 cm en conservant une résolution correcte : que faire ? Acheter un autre appareil photo ? Non, évidemment… Deux solutions s'offrent à vous :

– soit réduire légèrement la résolution de manière à atteindre la taille de tirage désirée : ici, il faut passer de 240 dpi à 197,78 dpi ;

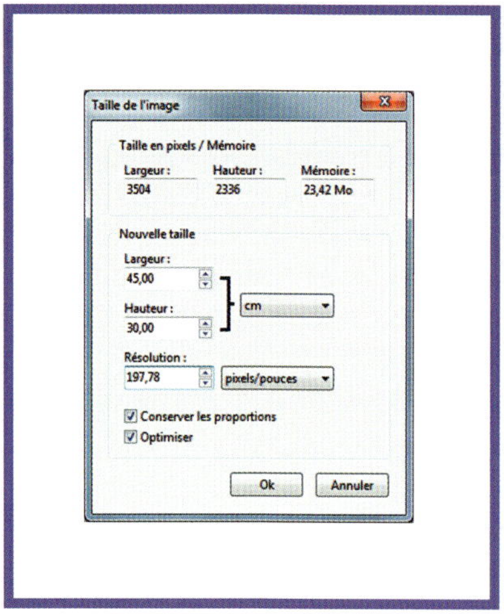

– soit conserver la résolution et modifier directement les dimensions du tirage.

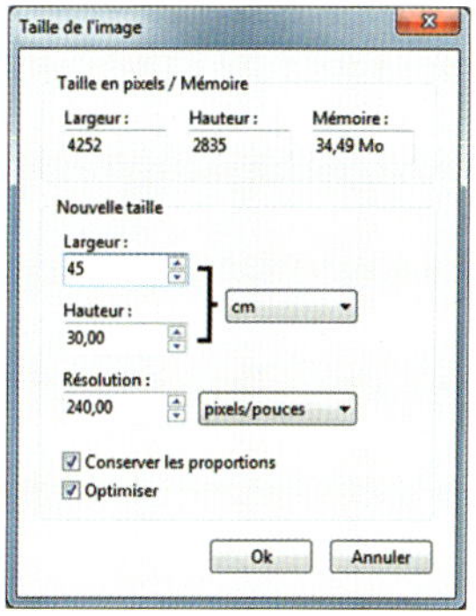

Une petite minute ! La résolution de l'image vient de changer ! Elle est désormais de 4 252 × 2 835 = 12 mégapixels ! C'est un miracle ! Pas forcément : votre logiciel de traitement de l'image a créé artificiellement 4 mégapixels supplémentaires par extrapolation. La photo initiale est donc dénaturée, dégradée, défigurée. Cette opération qui consiste à fabriquer de la matière à partir de rien se nomme « rééchantillonnage ». Elle est bien sûr à proscrire, et même si je vous ai effrayé en vous annonçant qu'une impression était très bonne à partir de 300 dpi, pour peu que votre image initiale soit très nette, vous pourrez vous autoriser sans le moindre problème des tirages à 150 dpi. Le seul cas où cette opération devient intéressante est celui où, je vous le souhaite, vous serez amené à réaliser des tirages de très grande taille (plusieurs mètres), car dans ces conditions, les résolutions fournies par les appareils actuels peuvent devenir insuffisantes. Mais même dans ce cas précis, assurez-vous de partir du fichier RAW, et de réaliser votre rééchantillonnage par incréments de 10 % maximum (on passe de 8 mégapixels à 8,8 puis à 9,6, etc.) : la qualité de l'image finale n'en sera que meilleure. Hors de question d'ailleurs d'enregistrer le résultat au format JPEG, et c'est le TIFF (non compressé) qui devra avoir votre préférence.

Pour la petite histoire, je travaille régulièrement avec la presse spécialisée et il m'arrive d'avoir affaire avec des maquettistes qui n'ont visiblement pas saisi toutes les subtilités des tailles d'impression. Combien de fois m'a-t-on demandé des « images de 12 mégapixels, en 240 dpi minimum » ? Ce qui ne veut strictement rien dire.

Vous l'aurez compris, la bonne formulation aurait été « image de 45 × 30 cm en 240 dpi minimum », ou plus simplement « image de 12 mégapixels minimum ». Mais pour éviter des échanges de mails ou téléphoniques supplémentaires, je renvoie aussitôt la même photo avec une résolution d'impression modifiée, et tout le monde est heureux.

Pire encore (là j'ai honte, mais je compte sur votre discrétion), il m'est arrivé de simplement rééchantillonner des images pour faire correspondre leur résolution avec celle attendue par le maquettiste : « Votre image ne fait

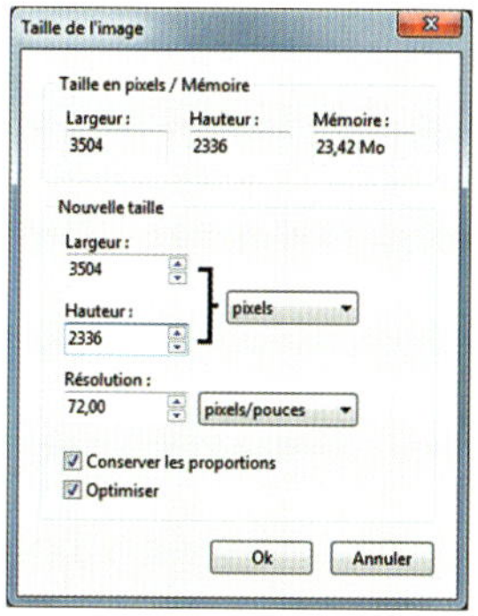

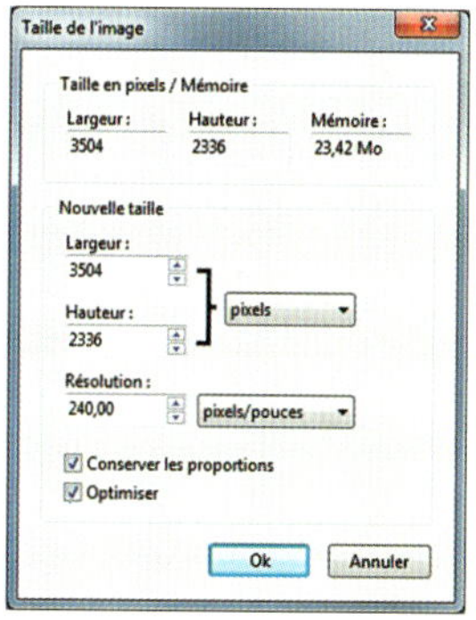

Les deux images sont strictement identiques, pourtant celle de gauche m'a été refusée par le maquettiste.

que 5 mégapixels, ce n'est pas assez, auriez-vous la même version en 8 mégapixels ? — Bien sûr, pas de problème, je vous envoie ça… » Et au final l'impression était très correcte, comme quoi on diabolise sans doute à tort le rééchantillonnage… mais je maintiens que vous ne devez jamais céder à cette vile tentation.

« Focus stacking »

Présentation

Ceux qui savent de quoi il retourne ici doivent certainement se dire que je reviens sur ma conviction première : le refus catégorique de l'outil numérique pour modifier de-ci de-là quelques détails d'une photo, et finalement la dénaturer totalement. Que nenni ! cette technique reste d'après moi éthiquement acceptable puisque, sur le modèle d'une photo dite « classique », tout se joue dès la prise de vue et, de plus, elle ne permet pas de corriger ou rectifier certains éléments spécifiques, mais propose une vision du sujet qu'aucun instrument optique ne saurait délivrer. Le *focus stacking* (que l'on pourrait traduire par « empilement de mises au point ») est un procédé de traitement numérique qui consiste à superposer plusieurs images dont les mises au point sont légèrement décalées pour en obtenir une unique possédant une profondeur de champ plus étendue. Prenons l'exemple de trois photos d'une même règle graduée :

– sur la première, la profondeur de champ s'étend de la graduation 0 cm à la graduation 1 cm ;
– sur la deuxième, la profondeur de champ s'étend de la graduation 1 cm à la graduation 2 cm ;
– sur la troisième, la profondeur de champ s'étend de la graduation 2 cm à la graduation 3 cm.

Après traitement par votre logiciel de *focus stacking*, vous obtiendrez une seule photo dont la profondeur de champ s'étend de la graduation 0 cm à la graduation 3 cm : magique !

Mais si l'on veut une grande profondeur de champ, pourquoi ne pas simplement fermer le diaphragme ? Souvenez-vous… la diffraction, qui intervient pour les petites ouvertures ! Dans le cas présent, on va utiliser le diaphragme à une ouverture offrant le meilleur rendu des détails (entre f/4 et f/8 généralement) et bénéficier par la même occasion d'une netteté exceptionnelle sur toute la zone traitée… qui peut en théorie s'étendre à l'infini puisqu'il vous suffit d'ajouter des prises de vue décalées pour l'augmenter à votre guise.

Sur le terrain

Deux commandements ont été établis lors de l'inauguration de ce procédé :

– « Le même cadrage et les mêmes paramètres à chaque prise de vue tu conserveras » : il est primordial que le cadrage reste le même pour que le logiciel puisse correctement discerner les différences d'un cliché à un autre, ce qui passe nécessairement par la reconnaissance des « points communs ». Trépied obligatoire, donc ! Il en va de même pour l'ouverture, la vitesse d'obturation et la sensibilité : les clichés doivent tous disposer de la même exposition.
– « La totalité de la zone de netteté tu balayeras » : assurez-vous que les profondeurs de champ individuelles recouvrent bien la totalité de la zone que vous souhaitez « empiler ». Dans l'exemple précédent, s'il vous manque la deuxième photo, le logiciel ne saura évidemment pas recréer de lui-même la zone de netteté qui s'étendait de la graduation 1 cm à la graduation 2 cm ! Le cliché final affichera donc un trou de flou, récupéré sur les clichés 1 et 3.
Partant de ces principes, vous avez

Orchidée
Canon 5D Mark II
65 mm
f/3.5
1/200 s
ISO 100

La photo ci-dessus a été générée à l'aide des 7 photos présentées ici en miniatures.

certainement compris la marche à suivre pour réaliser vos photos. Deux techniques sont d'ailleurs possibles (partez de la zone à photographier la plus proche de vous pour terminer par la plus éloignée) :

– ne pas toucher à l'objectif et faire légèrement varier la distance au sujet entre deux clichés… délicat, pour ne pas dire impossible sans chariot de mise au point (il vous en coûtera la bagatelle de 150 euros) ;

– tourner légèrement la bague de mise au point entre deux clichés : c'est le choix que nous retiendrons (n'oubliez pas de passer en mode de mise au point manuelle, ce qui évitera à votre objectif d'émettre un bruit de crécelle).

Dans le logiciel

Vous voici en possession de 100, 200, 1 000 fichiers image que vous allez maintenant devoir assembler pour n'en obtenir qu'un seul. Mais quel logiciel choisir ? Photoshop d'un côté (900 euros), CombineZP de l'autre (gratuit). Cruel dilemme. Au diable l'avarice, mon choix se portera exceptionnellement sur CombineZP. À la première exécution, vous devriez instinctivement lancer à haute voix un « Que c'est moche ! », tant l'interface semble épurée ; mais peu importe, le logiciel est simple d'utilisation et propose des résultats vraiment convaincants.

Dans la fenêtre des menus (en haut), cliquez sur NEW : le navigateur s'ouvre et vous propose de choisir l'ensemble des photos qui vont servir à réaliser le *focus stacking*. Une fois votre sélection effectuée, un écran de progression s'affiche : pas de panique, il s'agit de l'importation des photos dans le logiciel. De retour sur l'écran d'accueil, dans le menu déroulant, sélectionnez « All Methods ».

Puis cliquez sur GO : le processus est lancé, et durera plus ou moins longtemps selon le nombre de prises de vue à analyser et la puissance de votre ordinateur. L'image résultante pourra ensuite être enregistrée à l'aide du bouton SAVE. Vous savez désormais tout de cette technique particulière.

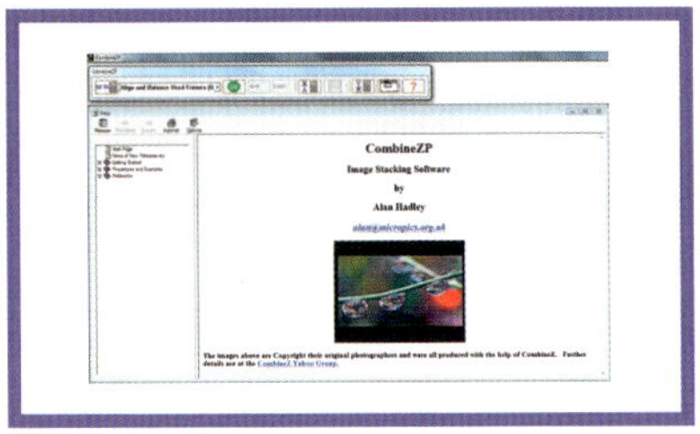

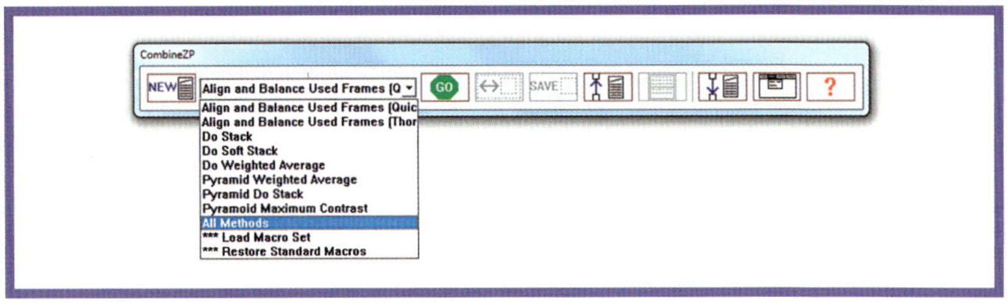

L'image finale
a cette fois nécessité
l'emplilage
de 10 prises de vue.

Rose
Canon 5D Mark II
100 mm
f/3.5
1/2 s
ISO 200

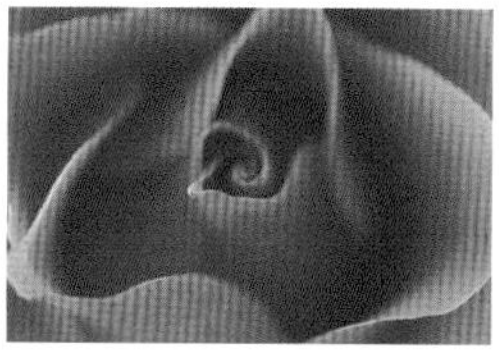

LES DIFFÉRENTS MILIEUX

À LA MAISON

Comment reconnaître une maison quand on en voit une, et comment la distinguer d'une forêt ou d'une serre ? Vous l'aurez compris, ce paragraphe n'a que peu d'utilité, mais comme je souhaitais maintenir une cohérence dans la structure des quelques pages à venir, je me suis vu contraint de le conserver. Ce sera donc l'occasion de rappeler quelques banalités, mais qui, vous le verrez, auront leur importance.

Du latin *manere*, signifiant « rester », la maison est un édifice dont la structure s'articule généralement autour de quatre murs et un toit. On peut la considérer comme parfaitement étanche et à l'abri de toute intempérie ou caprice météorologique. Dans la journée, son éclairage est assuré par la réverbération de la lumière naturelle sur les murs, et peut être complété par un éclairage artificiel composé d'ampoules, qu'il conviendra de correctement sélectionner en fonction de leur puissance et de leur IRC, si l'on veut révéler toutes les subtiles couleurs qu'arborent les fleurs d'intérieur.

Accessoires utiles… et moins utiles

Nous avons abordé un certain nombre d'accessoires différents au cours des chapitres précédents. Je vous propose donc de ne retenir ici que ceux qui devraient vous être utiles. Dans l'absolu bien sûr, vous pourrez trouver à chacun d'eux une utilité un jour ou l'autre, mais, sauf cas particuliers, vous ne devriez avoir besoin que des suivants.

Bagues-allonges et bonnettes. Vous êtes en intérieur, les distances au sujet ne peuvent donc pas être allongées à volonté, et le recul risque de vous mettre littéralement dos au mur. Pour raccourcir les distances imposées par vos objectifs, il va falloir recourir aux accessoires spécifiques que sont les bonnettes et les bagues-allonges. Vous n'aurez dès lors plus aucun problème pour utiliser vos téléobjectifs, qui proposent généralement des distances au sujet incompatibles avec une séance photo dans un espace confiné.

Diffuseurs. Incontournables évidemment, mais cela ne concerne que ceux qui se fixent physiquement à vos flashes. Car quel que soit leur environnement, vos flashes émettent une lumière vive qu'il conviendra d'atténuer pour éviter les ombres trop dures… même si on peut ici profiter de la topologie du terrain pour adoucir des éclairs trop puissants.

Trépied. Les photos en intérieur impliquent souvent un déficit en lumière qu'il conviendra de compenser par de solides appuis, permettant l'utilisation de vitesses d'obturation plus lentes. Pour réduire au minimum les vibrations, pensez à utiliser le retardateur, car le simple fait de déclencher manuellement peut engendrer un léger bougé de l'appareil. Et à moins d'aménager votre salon en studio photo, vous aurez toujours à compter avec les éléments du décor : un trépied vous permettra d'ajuster au mieux votre cadrage, ce qui vous évitera de découvrir avec stupeur et effroi, après la prise de vue, que celle-ci affiche dans son coin un bout de tableau, de miroir ou de lustre inopportuns. À main levée, nous nous concentrons surtout sur le sujet et la mise au point, et on ne prête pas forcément attention à ces petits détails périphériques. Si vous n'avez pas de trépied, en cherchant un peu dans vos placards, vous devriez trouver des accessoires (boîtes, coussins, etc.) pour caler votre appareil.

En ouverture :

Geranium sylvaticum album
Canon 5D Mark II
300 mm
f/4
1/320 s
ISO 100

1

Pour réaliser ce dernier atelier bricolage (les meilleures choses ont une fin), vous aurez besoin d'une boîte en carton, de trois lampes de bureau et de grandes feuilles blanches cartonnées.

2

3

Toutes les chutes de cet atelier ont été réutilisées pour la fabrication du diffuseur pour flash cobra et du réflecteur… ce qui explique pourquoi ce dernier était constitué de deux morceaux de carton au lieu d'un seul.

Boîte à lumière. Ne vous jetez pas sur les chapitres précédents, à la recherche de cette boîte énigmatique, car il n'en est fait mention nulle part. Et pour cause : cet accessoire ne va vous servir que dans le cadre précis de la photo d'intérieur. Il s'agit simplement d'un ministudio à l'intérieur duquel vous allez placer votre fleur, et ainsi lui apporter, dans

4

5

Pour saisir les grandes lignes de ce montage, je vous invite à d'abord regarder la photo finale. Vous aurez dès lors compris que la première opération consiste à découper le carton selon ses arêtes pour en obtenir une version plate, type patron.

6

Découpez dans les futures faces latérales de la boîte deux rectangles si possible identiques, et un dernier dans la face supérieure.

7

8

Tapissez ensuite toutes les faces intérieures à l'aide des feuilles cartonnées blanches.

9

Il ne vous reste qu'à refermer l'ensemble à l'aide de scotch et à placer vos trois spots à leurs places respectives. En les espaçant plus ou moins, vous pourrez créer des effets de lumière intéressants : collés pour un éclairage vif et un fond blanc éclatant (idéal pour les fleurs sombres) et un peu éloignés pour un éclairage plus nuancé et un arrière-plan tirant sur le gris (parfait pour les fleurs blanches). Vous pouvez également insérer une feuille colorée ou noire dans le fond pour varier vos photos.

le cas présent, un éclairage par les côtés et par-dessus. Si vous aviez rangé les quelques outils qui vous ont permis de réaliser les montages précédents, il est temps de les ressortir.

Voici par exemple la liste des accessoires qui ne me semblent pas indispensables dans le cas présent :

Multiplicateur. Même s'il est toujours agréable de savoir qu'un gros plan sur son sujet est possible, le multiplicateur ne propose pas de solution à la principale contrainte liée à la photo en intérieur, je parle bien sûr du manque de recul. Car il ne permet en effet pas de réduire la distance minimale de mise au point.

Diffuseur « poignée ». Nous verrons par la suite qu'il peut aisément être remplacé par un accessoire simplissime, qui équipe forcément vos fenêtres…

Réflecteur. Dans la lignée du diffuseur « maison », ce sont effectivement les murs et plafonds qui vont assurer ce rôle, d'autant qu'ils sont généralement blancs et assurent une transmission de la lumière sans ajout de teinte.

Monopode, stabilisation optique et ficelle. Nul besoin de ces accessoires si vous avez un trépied.

Tuteur. Une légère brise souffle chez vous ? Fermez donc la porte et les fenêtres !

Filtre. Éventuellement le filtre UV, qui ne doit plus quitter vos objectifs… mais le filtre polarisant et le filtre gris neutre n'auront ici que peu d'utilité.

Corps humain. La lumière ambiante étant tamisée et douce, l'utilité d'interposer votre corps entre la lumière et votre sujet est toute relative.

iPhone 4s
6 mm
f/2.4
1/968 s

Avantages et inconvénients du milieu

La photo en intérieur présente de nombreux avantages :

– tout d'abord, comme dit précédemment, vous êtes à l'abri des intempéries : votre séance ne risque donc pas d'être abrégée par l'apparition soudaine d'une averse et votre sujet ne virevoltera pas sous l'effet d'une violente bourrasque, aussi inattendue que nuisible ;
– vous êtes entouré de murs, qui la plupart du temps seront blancs, ce qui va leur conférer un double avantage : assurer une illumination douce et homogène quand le soleil dardera vos fenêtres de ses rayons d'argent et jouer le rôle de réflecteurs géants quand la lumière naturelle viendra à manquer et vous obligera à utiliser vos flashes. En orientant ces derniers non pas directement vers le sujet, mais vers le mur le plus proche (ou le plafond), la lumière réfléchie sera fortement adoucie et lissera les ombres harmonieusement. Même dans ce cas précis, il reste recommandé de couvrir vos flashes de leur coiffe diffusante ;
– les fleurs ou les plantes peuvent être déplacées, ce qui n'est absolument pas envisageable dans la nature ! Un avantage certain, qui vous permettra de placer à la lumière leur meilleur profil et de sélectionner un arrière-plan neutre (dans l'idéal, blanc comme celui de notre boîte à lumière, ou noir, voire gris). Si vos tapisseries ne le permettent pas, faites au moins en sorte que celui-ci reste uni ;
– vous pouvez utiliser certains éléments du décor pour modeler la lumière à votre convenance : je pense notamment aux stores japonais ou aux rideaux blancs, immenses diffuseurs qui assurent une répartition subtile de l'éclairage naturel.

Côtés inconvénients, me viennent à l'esprit les points suivants :

– les photos ne sont pas réalisées en pleine nature, forcément, et pourront parfois sembler froides et aseptisées ;
– l'éclairage artificiel risque de teinter vos photos de couleurs peu naturelles : tantôt trop chaudes, tantôt trop froides, il conviendra de corriger la balance des blancs pendant la prise de vue, ou au post-traitement si vous travaillez au format RAW, chose qui sera relativement aisée puisqu'il suffira d'étalonner vos photos en vous aidant des murs ou du plafond, souvent d'un blanc presque pur.

Que photographier ?

Allez donc faire un tour chez votre fleuriste, vous devriez avoir un aperçu assez exhaustif des possibilités qui s'offrent à vous : orchidées, roses, tulipes, pittosporums, hypericums, lis, œillets… La liste est longue mais la variété d'espèces proposées et la richesse de leurs couleurs (critère déterminant pour nous photographes) vous garantiront de longues heures de *shooting*, bien à l'abri dans votre « home sweet home ».

Même si la réflexion de la lumière du flash sur des murs blancs adoucit son éclat, je vous conseille d'utiliser tout de même un diffuseur.

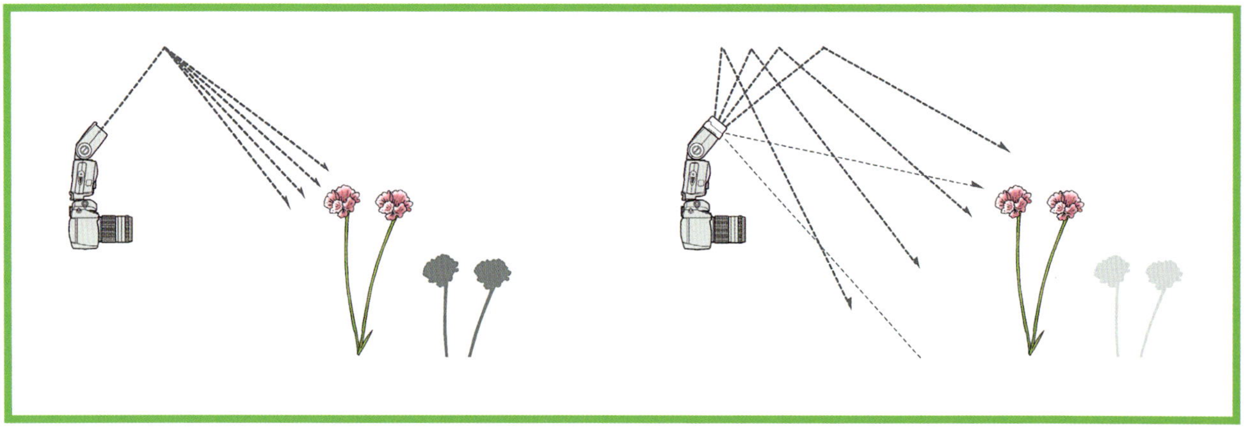

Gerbera
Canon 5D Mark II
100 mm
f/5
1/200 s
ISO 640

Astéracée sp.
Canon 5D Mark II
100 mm
f/3.5
1/125 s
ISO 640

Rose
Canon 5D Mark II
100 mm
f/6.3
1/125 s
ISO 800

Astéracée sp
Canon 20D
100 mm
f/3.2
1/320 s
ISO 400

Canon 5D Mark II
65 mm
f/5
1/125 s
ISO 400

Gerbera
Canon 5D Mark II
65 mm

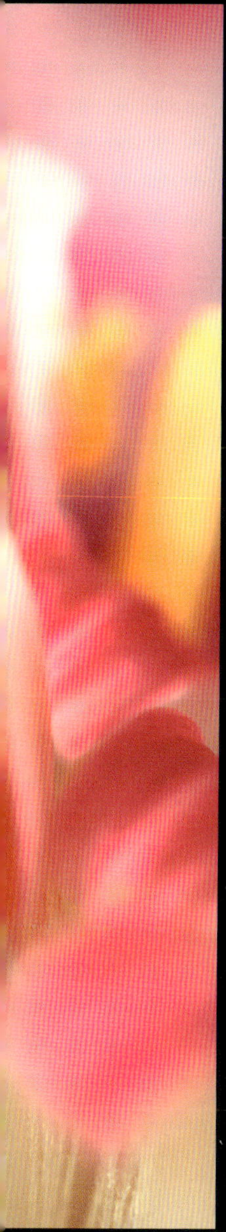

Rose
Canon 5D Mark II
100 mm
f/3.2
1/250 s
ISO 400

Astéracée sp.
Canon 20D
100 mm
f/5
1/200 s
ISO 640

DANS SON JARDIN

Si vous avez la main verte et un peu de temps devant vous, vous avez certainement partagé votre jardin en plusieurs sections: d'un côté, les plantes dites décoratives, dont les qualités nutritives sont discutables mais l'intérêt esthétique irréfutable; de l'autre, un espace réservé à la culture des légumes et des aromates, le potager.

Bien sûr chaque type de plante ou de fleur réclame un ensoleillement particulier, et vous avez tenu compte de ce paramètre essentiel pour dresser la cartographie de votre coin de verdure : on dit que le jardin est un espace organisé... mais limité, et nous verrons que ceci peut parfois poser problème. Son éclairage est assuré exclusivement par le Soleil, et même si certains utilisent des spots la nuit tombée, leur répartition et la lumière qu'ils produisent sont incompatibles avec toute forme de photographie (autant photographier dans le noir total avec un trépied).

Accessoires utiles... et moins utiles

Voici la liste exhaustive des accessoires que je juge utiles dans le cadre de la photographie en jardin :

Bagues-allonges ou bonnettes. Même si les conditions de confinement sont moins extrêmes qu'en intérieur, certains jardins (le mien pour ne pas le citer) sont vraiment petits et nécessitent l'usage d'accessoires pour réduire les distances au sujet. Les bagues et bonnettes peuvent également être utilisées si vous comptez faire des gros plans de vos fleurs préférées.

Multiplicateur. J'ai longuement (5 secondes) hésité à le classer dans les accessoires utiles, pour les raisons évoquées plus haut... mais en toute logique et pour généraliser, les dimensions de votre jardin devraient vous permettre d'utiliser votre tromblon de 300 mm, qui devient encore plus appréciable une fois son rapport de grandissement multiplié.

Diffuseurs. Tous sans exception, que ce soit ceux prévus pour les flashes ou notre désormais célèbre diffuseur « poignée », qui devient ici indispensable pour canaliser la lumière directe du soleil.

Réflecteur. Si vous habitez en ville ou que votre maison et celles de vos voisins sont mitoyennes, votre jardin va vite être privé de lumière, même en pleine journée. La solution est de profiter des espaces encore éclairés pour rediriger leur lumière à l'aide d'un réflecteur.

Trépied. Aucune raison de vous priver de son utilisation si vous en possédez un... pour les mêmes raisons que celles évoquées dans le chapitre dédié à la maison : outre l'évidente stabilité qu'il vous apportera, il vous permettra également de soigner vos cadrages et d'accorder une attention particulière aux détails de l'arrière-plan. En effet, la présence d'un grillage, d'un mur ou d'une chaise longue serait d'une esthétique douteuse.

Monopode. Digne remplaçant du trépied en cas de besoin et, qui plus est, plus souple d'utilisation : vous pourrez sans aucun problème passer d'une plongée à une contre-plongée en une fraction de seconde, quand cette opération peut prendre plusieurs minutes avec un trépied.

Stabilisateur optique. Si vous n'avez pas de trépied ou de monopode, un bon stabilisateur devrait vous permettre de prendre des clichés avec un flou de bougé réduit, voire totalement gommé, si la lumière vient à manquer.

Ficelle. Indispensable si vous ne possédez aucun des accessoires précédents, ou en complément de votre stabilisateur optique, d'autant que bon nombre de fleurs de nos jardins s'élèvent à mi-hauteur, vous obligeant à adopter des positions photographiquement peu confortables et donc peu stables. Soulagez donc votre dos (ceci n'est pas une panacée, et n'a d'ailleurs pas été reconnu comme telle par l'union française des ostéopathes) et évitez-vous des flous de bougé en vous munissant d'une ficelle.

Pensée
Canon 5D Mark II
100 mm
f/4
1/40 s
ISO 320

Tuteur. C'est l'occasion rêvée d'utiliser cet accessoire surprenant.
Filtres. Pour accentuer le bleu du ciel on repassera (celui-ci est généralement caché par un mur, un immeuble ou un arbre), mais le filtre polarisant sera idéal pour saturer légèrement les couleurs déjà acidulées des plantes de nos jardins, et même pour supprimer les quelques vilains reflets du Soleil sur les pétales brillants. Le filtre gris neutre pourra également être de la partie dans le cas où vous souhaiteriez vous essayer au jeu du filé, malgré la puissante lumière du soleil en plein milieu de journée. Le filtre UV, quant à lui… je n'insiste pas, vous avez saisi le message.
Finalement, tous les accessoires évoqués dans ce livre sont potentiellement utiles, à l'exception du corps humain, car il n'y a aucune raison de s'adonner à la technique interdite du « je fais de l'ombre à ma fleur en m'assurant que l'arrière-plan est pleinement éclairé » puisque vous disposez de diffuseurs et réflecteurs vous permettant de modeler correctement la lumière et dont la fabrication a été détaillée plus tôt dans cet ouvrage.

Avantages et inconvénients du milieu

Voici les avantages notables de la photographie dans son jardin :

– Première et principale différence avec la photographie de plantes en intérieur : les fleurs que vous photographierez dans votre jardin sont vivantes… et donc leur durée de vie est

***Myosotis* sp., Myosotis sp.**
Canon 20D
65 mm
f/4
1/125 s
ISO 100

considérablement plus longue que celle de pauvres végétaux arrachés à leur terre dans la force de l'âge. Vous n'êtes donc à priori pas pressé par le temps et une séance non concluante pourra être remise au lendemain.

– Autre avantage non négligeable, vous êtes chez vous, et vous pouvez de ce fait adopter toutes les positions que vous désirez (dans la limite de la décence, j'entends) sans craindre le regard interrogateur des badauds, qui ne manqueraient pas de marquer une pause pour admirer cet élégant bipède gisant à plat ventre au milieu des parterres de fleurs, si d'aventure votre séance photo se déroulait dans un parc ou tout autre lieu public.

– En outre, aucune zone de votre jardin n'est prohibée et vous pouvez marcher à loisir entre les plants si vous jugez que cela peut être bénéfique pour la prise de vue, voire planter un tuteur à côté d'une plante pour la stabiliser, ce qui serait vu d'un mauvais œil dans un jardin botanique, par exemple.

– Enfin, vous pouvez modeler votre espace photographique une saison à l'avance en sélectionnant vous-même les types de plantes qui orneront votre jardin. Il faut bien sûr tenir compte des besoins de chacune (la qualité du sol est primordiale, certaines espèces supportent mieux les terrains alcalins, comme les œillets, alors que d'autres se développent plus facilement en terrain acide, comme l'hortensia), mais cette liberté vous autorise toutes les fantaisies, concernant tant les formes que les couleurs. Cette manière d'aborder la discipline est d'ailleurs très similaire à celle du photographe

Ficaire
Canon 20D
100 mm
f/3.2
1/125 s
ISO 100

Rose
Canon 5D Mark II
100 mm
f/3.5
1/500 s
ISO 500

de natures mortes, qui, en plaçant minutieusement ses sujets et accessoires dans leur décor, devient un véritable animateur d'espace, un modeleur de vide, à l'exemple du travail exceptionnel de Juan Romano Chucalescu, pour ne citer que lui.

Du côté des inconvénients, on notera :

– La difficile gestion des arrière-plans, qui, bien qu'essentiels à la réussite de votre cliché, puisqu'ils occupent une place variant en moyenne entre 50 % et 80 % de la totalité de la surface de l'image, risquent bien de vous confronter à quelques cas de conscience au moment de la prise de vue. Par définition, un jardin, surtout en ville, est délimité par des édifices tantôt « naturels » (comme les haies, qui ne posent photographiquement aucun problème d'ordre esthétique), tantôt artificiels (murs, clôtures, etc.), qui quant à eux sont parfaitement disgracieux. À vous donc de tourner autour de votre sujet et de trouver la bonne approche pour éviter au maximum leur apparition dans le cadre.

– La limitation de l'espace, qui, pour reprendre le problème évoqué au point précédent, ne vous autorisera peut-être pas à tourner physiquement autour de vos sujets, ceux-ci pouvant éventuellement être plantés à quelques centimètres à peine d'un mur ou d'une clôture. Je veux bien croire que vous vivez en bonne intelligence avec vos voisins, mais enjamber leur clôture

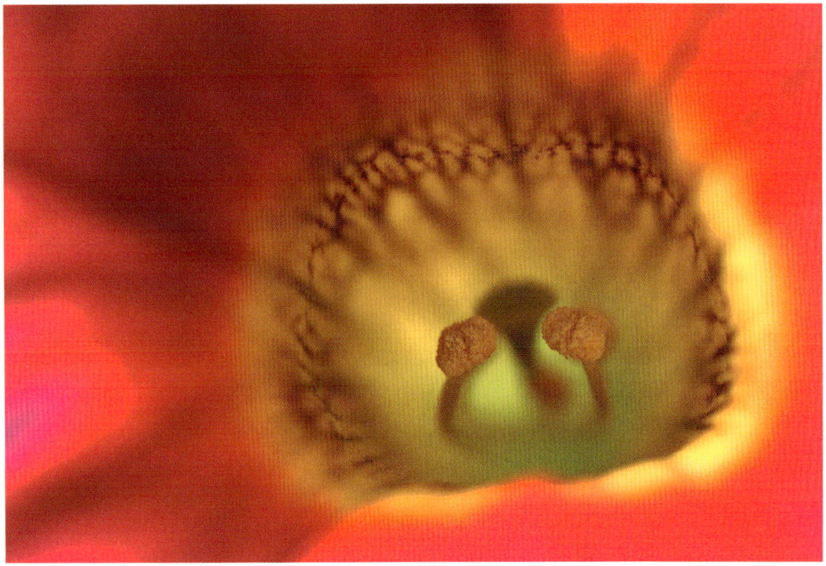

Surfinia
Canon 5D Mark II
65 mm
f/5
1/100 s
ISO 800

Tulipe
Canon 5D Mark II
300 mm
f/4
1/500 s
ISO 160

pour effectuer vos prises de vue de chez eux nécessite un degré d'intimité autrement plus élevé.

– Le manque de lumière, qui, notamment en ville, est sans doute le plus lourd problème rencontré dans ce type de milieu : on peut éventuellement le contourner, comme exposé plus haut, en utilisant un réflecteur, mais vous serez tout de même à coup sûr privé des derniers rayons du Soleil (dont la course sera stoppée net par quelque immeuble du voisinage), ceux-là mêmes qui ornent d'une parure dorée quiconque se dresse sur leur chemin.

Que photographier ?

Tout simplement tout ce que vous pourrez planter ! Essayez par contre d'être astucieux et de semer des plantes de manière à garder un jardin fleuri toute l'année. À titre d'exemple, le mimosa et le mahonia fleurissent en hiver, le lilas et le genêt éclosent au printemps, la lavande et l'hibiscus pareront votre jardin de mille teintes en été, et enfin la spirée bleue et le magnifique clérodendron attendront l'automne pour exhiber leurs robes colorées.

Une fois les plantes fleuries, rien n'est gagné pour autant, et il vous en coûtera un entretien régulier de votre jardin pour favoriser le renouvellement de vos fleurs après leur toute première floraison, entretien qui passe nécessairement par la hautement barbante extraction des mauvaises herbes et par des arrosages réguliers.

AU JARDIN BOTANIQUE

Outre leur attrait touristique évident et leur importance dans la recherche scientifique, ces lieux assurent également la pérennité des espèces menacées d'extinction. Les variétés de plantes qu'ils abritent sont classées, identifiées et même regroupées par collections : la roseraie d'un côté, le verger de l'autre, mais également les graminées, le potager, les aromates, etc. ; une chance pour vous de trouver votre chemin dans ce vaste labyrinthe.

Comme pour les jardins « classiques », l'éclairage est ici entièrement naturel, mais, de par leur étendue, les jardins botaniques peuvent généralement profiter du Soleil à toutes les heures de la journée, et notamment au crépuscule, qui délivre les lumières les plus intéressantes esthétiquement. Ils contiennent parfois des serres abritant des variétés de plantes tropicales où des conditions climatiques extrêmes sont reproduites : forêt humide, milieux arides et secs, etc.

Accessoires utiles… et moins utiles

Même si l'on peut légitimement supposer que les accessoires ici utiles seront nécessairement les mêmes que pour le jardin, vous allez voir qu'il y a quand même quelques subtilités :

Bagues-allonges ou bonnettes. Certaines variétés présentes dans ces milieux affichent des couleurs et des formes particulières, et méritent qu'on leur tire le portrait en gros plan pour révéler le moindre de leurs détails. Plus que jamais, faites attention où vous mettez les pieds : force est de constater qu'en utilisant ces accessoires exigeants techniquement, notre attention se porte plus sur la réalisation de notre photo que sur l'espace qui nous entoure, et certaines espèces, plus fragiles que d'autres, ne supporteraient pas un contact trop brusque sans y laisser des pétales.

Multiplicateur. Augmentation du grandissement et conservation de la distance minimale de mise au point. Vous l'aurez compris, cet accessoire est bien plus adapté que les bonnettes ou autres bagues-allonges pour les prises de vue en milieux sensibles. Il est à mon sens inapproprié dans les serres, car même si un fort grandissement ne serait pas de refus pour immortaliser les variétés les plus endémiques, celles-ci sont généralement organisées en allées étroites, et un multiplicateur ne vous permettra pas de réduire votre recul.

Diffuseurs. Qui dit lumière dit diffuseur, j'espère vous avoir suffisamment endoctriné pour que vous en soyez désormais convaincu. Indispensables en pleine journée, quand le Soleil émet une lumière particulièrement dure, leur nécessité est plus relative tôt le matin ou tard le soir, la lumière étant alors plus douce. En revanche, si vous travaillez exclusivement en lumière artificielle, la question ne se pose pas : les diffuseurs sont obligatoires.

Réflecteurs. Utiles, c'est indéniable, mais c'est surtout leur aspect pratique qui m'a fait hésiter à placer les réflecteurs dans cette catégorie. Car ces accessoires étant généralement situés à quelques dizaines de centimètres, voire à quelques mètres du sujet, il se pourrait que vous rencontriez des entraves lors de leur

Geranium cinereum
Canon 5D Mark II
100 mm
f/3.5
1/1600 s
ISO 200

mise en place : difficile en effet de justifier la présence d'un réflecteur au milieu d'un parterre de fleurs, quand bien même cet emplacement serait le seul susceptible de renvoyer correctement la lumière.

Monopode. Puisque la stabilisation ne se fait pas nécessairement à la verticale, comme c'est le cas pour le trépied, mais peut également être latérale, le monopode est à mon sens le seul outil qui vous permettra d'approcher vos sujets sous tous les angles sans nuire à leur intégrité. Aucun problème pour effectuer des vues du dessus tout en restant à distance respectable, chose impossible à réaliser avec le trépied si celui-ci ne possède pas de colonne centrale.

Stabilisateur optique. Accessoire idéal en complément de la stabilisation partielle offerte par le monopode, il devient indispensable si vous ne possédez pas de pied pour gagner quelques précieuses vitesses en cas de manque de lumière, dans le cas où le Soleil commencerait à vous tirer sa révérence ou si vous effectuez des prises de vue en milieu ombragé.

Ficelle. Tout comme le monopode, elle vous apportera de la stabilisation dans les positions inconfortables que vous adopterez pour immortaliser vos sujets. En gardant un œil sur sa fleur

Hortensia
Canon 5D Mark II
100 mm
f/3.5
1/200 s
ISO 200

et l'autre sur son environnement direct pour éviter tout vandalisme, on devient fortement exposé aux tremblements. Vous avez oublié votre ficelle, tête de linotte que vous êtes ? Aucun problème : utilisez l'un de vos lacets en remplacement. Si malheureusement vos chaussures sont à « scratch », on peut dire que vous recherchez vraiment la difficulté.

Filtres. Les trois, mon capitaine ! Le filtre UV sera utilisé en guise de protection de votre lentille frontale, le filtre gris neutre pour le filé en pleine lumière avec une grande ouverture et le filtre polarisant pour les plans plus larges qui présenteront une partie du ciel, ou simplement pour limiter les réflexions.

Corps humain. Si vous ne voulez pas vous encombrer d'autres accessoires que votre appareil et votre objectif, votre corps vous permettra tout de même de réussir quelques clichés. De toute façon, en ce qui me concerne, mais cela n'engage que moi, je ne sors jamais sans.

Petite précision concernant les deux

accessoires suivants : ils ne sont clairement pas inutiles, mais plutôt peu adaptés dans le cadre de la photo dans un jardin botanique, et nous allons voir ensemble pourquoi :

Trépied. Je fais ici référence aux trépieds ne possédant pas de colonne centrale, susceptible de déporter l'appareil au-delà des zones d'appuis. Car dans ces conditions, et pour peu que vous souhaitiez réaliser des prises de vue relativement proches de votre sujet, vous allez être contraint de placer votre pied dans l'espace avoisinant la plante, ce qui risque de rapidement devenir un casse-tête, car celle-ci est généralement disposée au milieu d'un parterre fleuri que vous risquez d'endommager par la même occasion. Et comme « bon positionnement du trépied » et « non-dégradation des plantes environnantes » sont rarement compatibles, vous avez toutes les chances de revenir bredouille de votre séance photo. De plus, dans les serres, vous risquez de bloquer le passage aux autres visiteurs avec votre arsenal. Les allées sont étroites et donc moins compatibles avec la mise en place ou l'utilisation de matériel encombrant.

Tuteur. Pourquoi considérer comme indésirable un accessoire qui révélerait son plein potentiel dans un tel milieu ? Pour la bonne et simple raison que vous vous trouvez dans un lieu public, soumis à une réglementation.
Je l'ai appris à mes dépens, quand j'ai été rappelé à l'ordre par un fonctionnaire alors que je tentais de fixer mon tuteur à un iris : « Vous pouvez me dire ce que

Nymphaea colorata
Canon 20D
100 mm
f/3.2
1/125 s
ISO 250

Anaphalis triplinervis
Canon 5D Mark II
100 mm
f/3.5
1/1250 s
ISO 200

Saxifraga pubescens
Canon 20D
100 mm
f/3.2
1/1600 s
ISO 400

vous faites, monsieur ? – Vous allez rire, mais ce fichu vent m'empêche de… Très bien, je m'en vais. »

Avantages et inconvénients du milieu

Le jardin botanique présente à mes yeux trois avantages principaux :

– D'abord, et bien évidemment oserais-je dire, la variété exceptionnelle d'espèces présentes : plusieurs journées de photographie intensive n'y suffiront pas si vous souhaitez tirer le portrait de chacune d'entre elles. Cette grande diversité assure également une floraison tout au long de l'année, qui ne vous contraindra pas, à l'inverse du jardin, à étudier la qualité des sols et les compatibilités entre fleurs pour accroître l'épanouissement de cet espace, puisque ce travail est alors assuré par un ou plusieurs professionnels.
– Ensuite, autre avantage notable, les spécimens y sont tous clairement identifiés : nul besoin de se plonger

plusieurs heures dans des livres de botanique pour mettre un nom sur chaque plante de sa récolte photographique du jour. D'un point de vue pratique, une fois votre plante photographiée sous tous les angles, je vous encourage à passer du mode RAW au mode JPG basse définition et simplement photographier la plaque signalétique, ce qui vous évitera les trous de mémoire si vous envisagiez de faire confiance à votre cerveau, et vous fera gagner du temps si vous comptiez plus simplement noter ces informations sur un morceau de papier.

– Enfin, dernier point et non des moindres, le jardin botanique profite généralement d'un éclairage naturel continu durant toute la journée, et notamment aux heures intéressantes du lever et du coucher de soleil : vous pourrez dès lors obtenir différents rendus d'une même plante, avec des dominantes tantôt bleues (avant le lever ou après le coucher), tantôt orangées (après le lever ou avant le coucher), tantôt neutres (pleine journée) selon le moment de la prise de vue. Sauf que, horaires d'ouverture et de fermeture obligent, le jardin ne sera peut-être pas accessible aux « meilleures » heures. À vous de préméditer correctement votre séance en fonction de la saison.

Buglossoides purpurocaerulea
Canon 5D Mark II
65 mm
f/2.8
1/1000 s
ISO 250

Je l'ai évoqué précédemment à l'aide d'un exemple tiré de ma propre expérience, les inconvénients de ce type de milieu sont :

– Sa réglementation : opinion à modérer bien sûr, car sans celle-ci, il est évident que les jardins seraient mis à rude épreuve par les abus répétés des badauds, et parce qu'elle contribue de ce fait à la pérennité de ces espaces protégés. En revanche, tout le monde est logé à la même enseigne, et le naturaliste soigneux et respectueux que vous êtes ne se verra accorder aucun passe-droit ni régime de faveur. Toutefois, si vous prenez le temps de présenter au personnel du jardin votre démarche et la vision bienveillante que vous portez au monde végétal, il se peut que celui-ci fasse preuve de tolérance et vous autorise quelques libertés.

– L'humidité dans les serres : c'est une véritable plaie pour notre matériel, qui peut engendrer en cas de forte exposition une oxydation des matériaux… et les rendre au final inutilisables. Pour une fois, ce sont les petits appareils qui brilleront au détriment des plus massifs : en effet, bon nombre de smartphones et compacts sont désormais à l'épreuve de l'humidité et ne craignent donc pas les conditions extrêmes régnant dans les serres. Il n'existe pas à proprement parler de reflex waterproof, mais de nombreux fabricants équipent désormais leurs boîtiers de joints

Pelargonium album
Canon 5D Mark II
100 mm
f/3.5
1/250 s
ISO 500

protégeant les zones électroniques de la poussière et de l'humidité. On dit alors que le boîtier est « tropicalisé ». Ce qui ne vous sera d'aucune utilité si vos objectifs ne disposent pas également de cette protection. En clair, pour éviter tout désagrément, il vous faudra utiliser un boîtier ET des objectifs tropicalisés (oui, oui, c'est plus cher…), ou confectionner un imperméable de fortune à partir d'un sac de congélation et de deux ou trois bouts de gaffer (ruban adhésif), et éviter les expositions prolongées.

Que photographier ?

Vous l'aurez compris, le jardin botanique est tout simplement le pays des merveilles du photographe nature. Comme précisé précédemment, il est le plus souvent compartimenté en « sous-jardins », recensant aussi bien les fleurs des montagnes, les fleurs des jardins que les plantes de nos potagers ou les variétés méditerranéennes, etc. Vous passerez donc d'un univers à l'autre en à peine quelques mètres, pour un dépaysement des plus complets, vous évitant par la même occasion des trajets de plusieurs milliers de kilomètres pour observer ces mêmes plantes dans leur milieu naturel.

Begonia itaguassuensis
Canon 5D Mark II
100 mm
f/3.2
1/100 s
ISO 200

EN FORÊT

Quel que soit son type (tempérée, tropicale, boréale ou autre), toute forêt se caractérise par un regroupement dense de plusieurs peuplements d'arbres. C'est tout du moins la définition que nous retiendrons ici, car il semblerait que les critères qui font d'un ensemble d'arbres une forêt ne soient pas encore complètement et définitivement arrêtés: la taille des arbres qui la composent est-elle un paramètre déterminant? et qu'en est-il de sa densité? de sa surface? etc.

Ce milieu est un véritable réservoir de biodiversité : sa flore (et la faune alors ? C'est passionnant la faune, mais ce n'est pas l'objet de ce livre) est classée par strates, qui sont définies par la hauteur des organismes végétaux qu'elles abritent. On distingue donc cinq strates : la strate hypogée (flore souterraine), la strate muscinale (jusqu'à quelques millimètres de hauteur), la strate herbacée (jusqu'à 1 m de hauteur), la strate arbustive (jusqu'à 7 m de hauteur) et la strate arborée au-delà. Nous nous intéresserons principalement aux strates muscinale et herbacée, car j'estime que la photographie d'arbres s'apparente plus à celle de paysages, technique particulière qui possède ses propres codes, qu'à la photo botanique au sens strict. L'éclairage est ici aussi assuré par le soleil, dont les rayons sont partiellement retenus par le feuillage des arbres les plus hauts.

Accessoires utiles… et moins utiles

Si l'on me demandait d'ouvrir mon sac photo au détour d'une conversation forestière, on découvrirait très certainement :

Bagues-allonges ou bonnettes. Elles risquent bien de vous être très utiles, et notamment si vous vous intéressez particulièrement à la microflore des strates muscinales. Et si les mousses et autres lichens vous rebutent de prime abord, sachez qu'il est tout à fait possible d'en réaliser des clichés somptueux, notamment lorsqu'ils sont perlés de rosée.

Multiplicateur. Idéal pour augmenter le rapport de grandissement, et plus spécifiquement si un obstacle se dresse entre vous et votre sujet. Imaginez que votre plante ait élu domicile à côté d'une flaque d'eau : cela ne devrait pas effrayer les plus téméraires d'entre vous, mais personnellement j'aime autant utiliser un multiplicateur et ainsi conserver une distance de travail me garantissant de rester bien au sec.

Diffuseurs. Je crois que vous avez saisi leur importance dans le cadre de la photographie au flash, donc je n'insiste pas.

Réflecteurs. Sacrebleu, un rayon de lumière dorée darde à travers les feuillages et vient s'échouer quelques centimètres à peine derrière votre sujet, c'est rageant ! Non, pas si vous utilisez le réflecteur « maison » pour faire profiter ce dernier d'une illumination qu'un hasard mal inspiré a injustement privé.

Trépied. La lumière n'étant pas toujours au rendez-vous en forêt, vous n'avez aucune raison de vous en priver, d'autant que vous n'êtes ici pas limité par manque d'espace, et une photo réalisée sur pied ne devrait nuire à personne, pour peu que vous n'empaliez pas un campagnol au moment de sa mise en place.

Monopode. Moins encombrant que le trépied si vous souhaitez voyager léger, il a aussi l'avantage de se transformer en bâton de marche pour faciliter l'ascension des sentiers difficilement accessibles, ou en arme contondante en cas d'attaque d'ours.

Stabilisateur optique. Au passage, je ne crois pas vous avoir précisé qu'il

Muguet
Canon 5D Mark II
100 mm
f/3.5
1/30 s
ISO 500

ne faut surtout pas activer la stabilisation optique de votre appareil (ou objectif) si celui-ci repose sur un trépied : le système de régulation des mouvements va alors tenter de corriger des tremblements inexistants, et la photo finale affichera un flou de bougé. Notez que certains objectifs sont capables de détecter l'absence de vibration caractéristique des photos sur pied, et désactivent donc automatiquement cette fonction.

Ficelle. À utiliser en remplacement des accessoires précédents, si vous en êtes dépourvus, pour photographier la flore de la strate herbacée. Privilégiez une position allongée pour les espèces de quelques centimètres : vous êtes alors plus stable et vous évitez la prise de vue en plongée, rarement esthétique.

Tuteur. Pas de garde forestier à l'horizon, c'est le moment de sortir votre pince à linge… mais restez écoresponsable et n'utilisez jamais cette technique sur les espèces menacées. Si vous ne savez pas si votre sujet est en voie de disparition ou non, abstenez-vous, tout simplement.

Filtres. Les filtres UV oui, car il n'est pas rare d'être surpris par une branche d'arbre belliqueuse. Gris neutre éventuellement, selon vos besoins, et polarisants pour la couleur et les reflets trop visibles.

Les accessoires suivants ne sont pas inutiles, mais les chances que toutes les conditions soient réunies pour justifier leur utilisation sont tellement minces que je ne m'en équipe personnellement jamais lors des *shootings* en forêt :

Diffuseur « poignée ». En ne tenant compte que des statistiques, il est peu probable que les plus hauts arbres présentent dans leur feuillage un espace suffisamment grand pour laisser passer la lumière sans l'atténuer, et que, de plus, celle-ci vienne miraculeusement s'échouer à l'endroit même où se trouve votre sujet… C'est pourquoi, si je devais vraiment me passer de l'un de mes accessoires pour des raisons d'encombrement ou autre, c'est sur celui-ci que je jetterais mon dévolu. Mais cette configuration hypothétique peut se produire, je vous l'accorde, auquel cas ce diffuseur permettrait d'atténuer la lumière parvenant au sujet.

Corps humain. Inutile effectivement, car pour peu que vous soyez proche de l'orée de la forêt, vous vous retrouverez naturellement dans une situation où votre sujet sera placé à l'ombre (des arbres cette fois) et où le lointain (la lisière donc) sera éclairé par une vive lumière. À vos téléobjectifs !

***Orchis mascula* sp., Orchis mâle**
Canon 5D Mark II
300 mm
f/4
1/125 s
ISO 1000

Avantages et inconvénients du milieu

Photographier en pleine nature présente de nombreux avantages :
– La gestion des arrière-plans : ceux-ci viendront agrémenter vos photos de mille et une couleurs, et revêtiront différentes teintes selon la saison, allant du vert au jaune, voire à l'orangé quand les premières feuilles tombent l'automne venu. En optant pour de grandes ouvertures, vous devriez les diluer suffisamment pour qu'ils apparaissent quasi unis : une bien belle manière de mettre son sujet en valeur.
– Les effets de lumière : produits par le passage des rayons du Soleil à travers les feuillages des arbres culminants, ils se matérialisent physiquement et deviennent presque palpables sous certaines conditions météorologiques (une légère brume matinale, par exemple). Mais grande risque d'être votre déception si vous espérez rencontrer ces percées spectaculaires au hasard d'une séance photo, car il sera souvent nécessaire d'effectuer des repérages préalables pour déterminer les lieux et les instants propices à ce genre de phénomène. Pour rendre honneur à ce spectacle offert par la nature, vous aurez tout intérêt à réaliser un plan d'ensemble à l'aide d'un grand-angle (ou d'un téléobjectif… avec beaucoup de recul) : la place occupée par votre sujet deviendra alors secondaire, et le regard du spectateur se portera

Alliaire officinale
Canon 5D Mark II
100 mm
f/2.8
1/800 s
ISO 100

en priorité sur cette lumière particulière.

– La forêt va jouer un rôle de cocon protecteur, vous mettant ainsi à l'abri des intempéries comme la pluie (et ainsi prolonger vos séances) ou le vent (et ainsi faciliter la prise de vue de sujets à grandes tiges).

– Contrairement aux milieux évoqués précédemment, les étendues boisées sont des espaces ouverts où l'angle de prise de vue n'est plus imposé par la configuration du lieu, et vous pouvez désormais tourner à loisir autour de votre sujet pour déterminer la meilleure approche.

Puisqu'il faut trouver des inconvénients, faisons preuve d'un zeste de mauvaise foi :

– L'éclairage en forêt est globalement indirect, puisqu'en partie retenu par les feuillages des arbres les plus hauts, et même si la « presque » diffusion occasionnée assure une répartition douce et homogène de la lumière, les couleurs en souffrent quelque peu et se ternissent légèrement. Pour les raviver, deux options s'offrent à vous : chercher des lieux de prise de vue dégagés (une clairière par exemple) ou plus simplement utiliser un ou plusieurs flashes.

Myosotis sylvatica
Canon 5D Mark II
300 mm
f/4
1/250 s
ISO 100

– La photo dans les bois est soumise à un aléa de taille : à moins de connaître les lieux, vous ne pouvez jamais être sûr que votre recherche de plantes soit fructueuse… Renseignez-vous donc au préalable, ce ne sont pas les sources d'information qui manquent : forums, réseaux sociaux, etc., ou si vous êtes du genre à préférer les contacts humains, le mieux est encore de demander directement aux promeneurs.

Que photographier ?

Si la liste des espèces rencontrées ne peut bien évidemment pas rivaliser en quantité avec celle proposée par le jardin botanique, ce ne sont pas les sujets qui manquent en forêt, et vous devriez une fois de plus trouver chaussure à votre pied : chèvrefeuille, sorbier, jonquille, fougère, ronce bleue, pulmonaire, ancolie… Toutes les couleurs de l'arc-en-ciel sont ici représentées ! Une aubaine pour tout photographe ayant une approche artistique de la botanique.
Et si d'aventure les promeneurs avaient profité de votre candeur pour vous envoyer dans un endroit dépourvu de toute végétation, vous pourrez toujours vous rabattre sur la prise de vue de champignons, ou même d'écorces d'arbre en plan rapproché, qui laissent parfois apparaître des formes particulières que notre imagination se plaît à réinventer en leur prêtant les traits de silhouettes familières.

Fraisier des bois
Canon 20D
100 mm
f/2.8
1/160 s
ISO 320

DANS UNE PRAIRIE

Une fois encore, j'aimerais apporter une petite précision : nous n'aborderons pas ici que les prairies au sens strict, généralement constituées de graminées et plantes vivaces, et qui servent essentiellement à l'alimentation des herbivores ou sont plus simplement destinées au fauchage.

Celles-ci sont de plusieurs types : « naturelles » si la végétation présente assure elle-même son renouvellement, « artificielles » si les plantes sont sélectionnées en fonction de leur valeur nutritive dans le cadre de l'alimentation du bétail, ou « temporaires » si comme leur nom l'indique elles ne sont maintenues que pendant quelque temps. Nous traiterons également ici de tous les types de terrains, naturels ou artificiels, profitant d'un ensoleillement toute la journée et pouvant s'étendre à perte de vue (un champ, par exemple). L'accès à ces derniers est toutefois plus restrictif et, sans l'accord préalable du propriétaire du terrain, il est bien sûr hors de question de vous rendre au milieu d'un champ de colza sous prétexte que le point de vue y est meilleur.

Accessoires utiles… et moins utiles

Voyons ensemble comment nous équiper avant de partir à la chasse aux fleurs dans une prairie :

Bagues-allonges ou bonnettes. Je crois que nous tenons les accessoires les plus polyvalents de cette sélection, et je ne vois pas de raisons qui pourraient justifier leur omission. Bien sûr, si les conditions lumineuses sont vraiment mauvaises et que vous ne possédez aucun outil de stabilisation, vous aurez tout intérêt à éviter les bagues-allonges, qui entraînent la perte de quelques vitesses, mais vous pourrez alors leur préférer une bonnette. À l'inverse, si le Soleil brille de mille feux ou que vous êtes équipé d'un trépied, rangez vos bonnettes au profit d'une ou plusieurs bagues-allonges.

Multiplicateur. Le recul n'est ici pas un problème, donc, si vous jugez le grandissement obtenu par votre objectif seul insuffisant, combinez-le à un multiplicateur. N'oubliez pas cependant, comme dans l'exemple précédent, qu'outre la légère dégradation en qualité provoquée par l'ajout de cet accessoire à votre système optique, le multiplicateur est également responsable d'une perte en luminosité, qu'il conviendra de compenser par l'utilisation d'un trépied ou de tout autre élément de stabilisation, ou par le recours à une lumière artificielle.

Diffuseur. La prairie, et c'est sa principale caractéristique, est exposée au Soleil durant toute la journée. Autant vous dire que le diffuseur vous enlèvera une épine du pied si vos séances ont lieu entre 11 h et 17 h (en été, car en hiver la lumière à 17 h est crépusculaire, donc idéale). Fixez votre diffuseur « poignée » à votre trépied si vous n'êtes pas accompagné d'un sherpa, et vous voici parfaitement autonome pour réaliser vos clichés. Pas de questions à se poser en ce qui concerne les autres diffuseurs, puisque ceux-ci sont, je l'espère, solidaires de vos flashes.

Réflecteur. Il ne va pas servir ici à éclairer une zone située dans la pénombre, puisque l'endroit est pleinement exposé (encore que certaines plantes pourraient faire de l'ombre à d'autres), mais plutôt à modeler en finesse la lumière incidente. Vous pourriez par exemple interposer votre diffuseur « poignée » entre le Soleil et votre sujet, et utiliser le réflecteur pour rabattre une partie de la lumière non diffusée vers ce dernier.

Coquelicot
Canon 20D
300 mm
f/4
1/640 s
ISO 100

Trépied. Utile pour vous délester des quelques kilos que pèsent votre appareil, votre objectif et leurs accessoires, et pour les prises de vue tardives, quand le Soleil illumine l'horizon de ses derniers rayons et que la lumière se fait désirer, nécessitant une solide stabilisation.
Monopode. Si vous désirez réaliser des prises de vue au ras du sol et que votre trépied, de par sa construction, ne le permet pas, vous pourrez toujours exercer une force latérale stabilisatrice à l'aide de votre monopode, d'autant que certaines variétés de plantes ne mesurent que quelques centimètres de haut.
Stabilisateur optique. Utile pour les forts grandissements et lorsque des plantes sont privées de lumière par la présence de congénères plus hautes. En résumé, dans toutes les situations exceptionnelles où votre sujet ne recevrait pas suffisamment de lumière pour garantir une exposition correcte sans risquer un flou de bougé.
Ficelle. La flore des prairies est en grande partie herbacée et s'élève donc à mi-hauteur. Si vous avez oublié votre ficelle et que vous pratiquez la photographie pieds nus (donc sans possibilité d'utiliser des lacets) — je respecte ce choix de vie —, vous

pourrez toujours tenter d'en fabriquer une avec des cheveux noués entre eux…

Tuteur. Pensez à prendre votre pince à linge, sans quoi le vent, très présent dans ces milieux dégagés, risque de vous faire amèrement regretter votre oubli. Le tuteur en lui-même est secondaire, il est aisé d'en improviser un à l'aide d'un morceau de bois trouvé sur les lieux de votre séance.

Filtres. Oui pour le filtre UV, gris neutre éventuellement car le vent nous faisant l'honneur de sa présence, il peut être judicieux de l'utiliser pour réaliser des filés à faible profondeur de champ… chose peu aisée sans filtre avec toute cette lumière ambiante. Et pour finir, oui pour le filtre polarisant, pour toutes les raisons qui donnent son intérêt à ce type de filtre : ciel bleu saturé, couleurs révélées et reflets atténués.

Corps humain. Si vous profitez d'un pique-nique le midi pour improviser une séance photo sans accessoires ! Bien sûr, accumuler les accessoires soulève des problèmes de poids et d'encombrement, mais le tout devrait allègrement trouver sa place dans un sac à dos, et pour peu que votre prairie se trouve aux abords d'une route, et que par chance vous ayez trouvé un endroit pour stationner, vous n'aurez pas un long chemin à parcourir pour parvenir au lieu de la prise de vue. Petite astuce pour le stationnement : si vous ne trouvez vraiment aucun espace approprié pour garer votre véhicule, je vous invite

Canon 5D Mark II
300 mm
f/4
1/50 s
ISO 100

à le loger méticuleusement dans le fossé, perpendiculairement à la route. Bien indélicat serait celui qui verbaliserait une voiture à l'évidence accidentée !

Avantages et inconvénients du milieu

On retrouve ici des avantages cités précédemment pour d'autres milieux :

– L'ensoleillement, qui permet de s'essayer à divers exercices de style, comme par exemple prendre la même photo (cadrage et paramètres de prise de vue identiques) à plusieurs heures d'intervalle pour mettre en évidence les différentes teintes qu'adopte la lumière en fonction de la position du Soleil dans le ciel. De plus, et pour peu que l'horizon soit dégagé, vous pourrez profiter des rayons dorés du crépuscule, qui peignent alors la prairie d'un voile orangé et diluent les ombres en les étirant à l'infini. Cette lumière étant relativement brève, il s'agira de ne pas perdre de temps en repérages et réglages, et de mettre en place son équipement autour de son sujet quelques minutes auparavant.

– À l'exemple de la forêt, l'arrière-plan est ici ajustable à volonté : en légère plongée, celui-ci est occupé par les plantes de la prairie ; à hauteur de fleur, l'horizon se dessine dans le fond de l'image ; et en légère contre-plongée, le ciel y fait son apparition. Dans le même esprit que précédemment, en faisant basculer verticalement votre

rotule et en rehaussant ou abaissant votre trépied en conséquence, vous pourrez réaliser des diptyques ou triptyques d'une même plante, avec un angle de prise de vue différent à chaque cliché.
– La liberté d'action, qui est sans comparaison avec les options offertes par les milieux non naturels, souvent réglementés. Aucun problème dès lors pour effectuer des circonvolutions autour de votre sujet afin de déterminer son plus beau profil et l'angle de prise de vue le plus adapté. Un avantage déterminant donc, surtout quand l'on sait que quelques degrés à peine suffisent parfois à transformer un beau cliché en très beau cliché.

En revanche, et de manière assez évidente, les éléments suivants risquent de vous créer quelques soucis :
– La qualité inégale de la lumière selon l'heure, problème inhérent à ce type de milieu : car si effectivement votre photo sera magnifiée pendant quelques instants bien précis au cours de la journée par une lumière flamboyante, le reste du temps vous devrez vous accommoder d'un éclairage trop puissant, rendant vulnérables à la surexposition les plantes à feuillage ou à fleurs claires

Lamiacée sp.
Canon 5D Mark II
300 mm
f/4
1/640 s
ISO 100

et générant des ombres très marquées. L'idée est donc simplement de ne pas organiser de sortie photo en plein jour, mais de préférer l'aube ou les minutes qui précèdent le coucher du soleil.
– Si ce type de milieu bénéficie d'un tel éclairement, c'est tout simplement parce que aucun obstacle ne vient s'interposer entre les rayons du soleil et lui. Et c'est évidemment là que le bât blesse, puisque ces obstacles assurent généralement une protection efficace contre les intempéries et le vent.

Que photographier ?

Sachez que les prairies abritent elles aussi une grande biodiversité végétale, dont les espèces suivantes obtiennent mes faveurs, en grand adorateur des couleurs vives que je suis : l'aster, le lierre terrestre, la verveine, le colchique, la stellaire pâle, le muscari, l'amarante et la violette laiteuse, pour ne citer qu'un infime éventail des trésors qui se cachent dans nos prairies et nos champs.

Primula veris
Primevère officinale
Canon 5D Mark II
100 mm
f/5.6
1/800 s
ISO 400

EN BORD D'ÉTANG ET DE RIVIÈRE

Difficile ici de généraliser car, selon leur environnement, leur profondeur ou encore leur étendue, les cours d'eau peuvent donner naissance à des biotopes variés, mais qui ont toujours en commun une grande diversité d'espèces végétales.

Ces dernières sont d'ailleurs classées en deux catégories selon le milieu dans lequel elles évoluent : tout d'abord les plantes dites « hydrophytes », dont le développement a lieu exclusivement dans ou à la surface de l'eau, et celles dites « hélophytes », dont la tige est hors de l'eau mais qui peuvent néanmoins posséder des racines ou une partie de leurs feuilles immergées. Comme la prairie, ces zones profitent globalement d'un ensoleillement toute la journée (les hydrophytes peuvent néanmoins être privées de lumière par des hélophytes), mais la présence d'une zone aquatique modifie complètement la donne, puisqu'une partie de l'éclairage est alors assurée par la réverbération directe des rayons du Soleil sur la surface réfléchissante du cours d'eau : un réflecteur naturel, mais peu diffusant, comme vous pourrez le constater.

Accessoires utiles… et moins utiles

Bottes. Il est en effet préférable de s'équiper en conséquence quand on s'adonne à la photographie dans ce type de milieu. Dans le feu de l'action, on ne prête pas nécessairement attention à ses appuis, et il n'est pas rare de déraper et finir sa course en beauté dans l'eau (sans pour autant tomber à la renverse et ainsi provoquer l'hilarité générale au sein du groupe de témoins, vous risquez d'avoir les pieds immergés, ce qui n'est pas toujours agréable, même par grande canicule).

Bagues-allonges ou bonnettes. Toutes les espèces végétales ont droit elles aussi à leur gros plan, ne les en privez pas ! Une approche macrophotographique de la plante vous révélera des détails invisibles à l'œil nu, des formes inhabituelles ou même des textures particulières, comme la granularité des fleurs de la massette à larges feuilles, par exemple.

Multiplicateur. Le manque de recul n'est pas dans le cas présent un souci majeur, et au contraire même, un tel accessoire vous permettra de garder vos distances avec cette berge maléfique qui, profitant d'un moment d'égarement, tentera sournoisement de vous happer.

Diffuseurs. Essentiels puisque la prise de vue est ici effectuée en plein Soleil. Tout du moins côté « terre ferme », car si vous êtes équipé de bottes, vous pourrez tenter une approche de l'envers du décor, les pieds dans l'eau. Et dans cette situation, les plantes les plus hautes peuvent faire office de diffuseurs naturels pour les espèces aux tiges plus courtes. Si tel n'est pas le cas, vous pourrez toujours fixer votre diffuseur « poignée » à votre trépied ou à un tuteur de fortune planté dans le sol. En ce qui concerne les diffuseurs prévus pour flashes, ils permettront d'atténuer les éclats générés par ce milieu hautement réfléchissant.

Réflecteurs. Tout comme dans la prairie, il est possible d'utiliser un réflecteur comme éclairage d'appoint, en complément de votre diffuseur. Mais il est également envisageable, si de hautes herbes cachent le Soleil et plongent votre sujet dans la pénombre (d'un côté ou de l'autre de la berge), de rediriger la lumière sur votre plante par simple réflexion. Une pince à linge, un morceau de fil de cuivre rigide, et vous pourrez rendre votre réflecteur solidaire de votre trépied, et ainsi libérer vos mains pour la prise de vue.

Canon 5D Mark II
100 mm
f/4
1/800 s
ISO 100

Trépied. Instrument incontournable quand la lumière vient à manquer, ou plus simplement pour maintenir les diffuseurs ou réflecteurs en place, comme nous venons de le voir.
Monopode. Il est toujours rassurant d'en avoir un sous la main, surtout si on organise ses séances photo de manière à profiter de lumières crépusculaires. Il m'est déjà arrivé, si le fond du cours d'eau s'y prête, de l'enfoncer à mi-hauteur dans la vase pour gagner en stabilité. Une photo réussie mérite bien quelques minutes perdues en nettoyage « post prise de vue ».
Stabilisateur optique. Plus ou moins utile selon les conditions lumineuses. Mais comme cet accessoire est intégré à votre optique ou à votre boîtier, il vous accompagne toujours lors de vos sorties et vous l'aurez donc à portée de main si le besoin s'en fait sentir. Je rappelle au passage que la visée elle aussi est stabilisée, et assure un confort de prise de vue non négligeable (moins de travail effectué par notre œil, donc fatigue visuelle réduite) lors des séances longues de plusieurs heures.
Ficelle. Utile mais potentiellement dangereuse car votre attention se porte plus sur la visée de votre sujet et la tension que vous exercez sur le fil

Cœur-de-marie
Canon 5D Mark II
300 mm
f/4
1/200 s
ISO 100

que sur la position de vos pieds. Vous allez croire que je fais une fixation, mais j'ai vécu une expérience traumatisante en utilisant cet accessoire, épreuve ô combien douloureuse que je ne saurais évoquer de peur de ressasser des souvenirs déplaisants.

Tuteur. Un morceau de bois trouvé sur le terrain ou votre monopode enfoncé dans la vase conviennent parfaitement !

Filtre. Vous connaissez la chanson en ce qui concerne les deux premiers : UV oui, gris neutre pourquoi pas ? Le filtre polarisant vous rendra par contre de fiers services, car les reflets règnent ici en maîtres. En l'ajustant correctement, vous devriez pouvoir assurer votre prise de vue même si une partie du plan d'eau y figure, et ce quelle que soit l'orientation du soleil.

Corps humain. Pour les photographes qui aiment voyager léger. Les plus hautes herbes peuvent d'ailleurs produire un résultat similaire, en faisant de l'ombre aux plantes les plus basses tout en laissant l'illumination de l'arrière-plan intacte.

S'il fallait retenir une leçon des chapitres précédents, ce serait sans doute la suivante : plus le milieu est dégagé, plus grand est le nombre d'accessoires dont vous aurez besoin. Rien de plus normal, car ceux-ci permettent pour la plupart de modeler la lumière incidente ou de s'adapter au mieux aux conditions lumineuses, donc plus ces dernières sont favorables et plus variées sont les options dont vous disposez pour tenter

Silene sp.
Canon 5D Mark II
300 mm
f/4
1/400 s
ISO 100

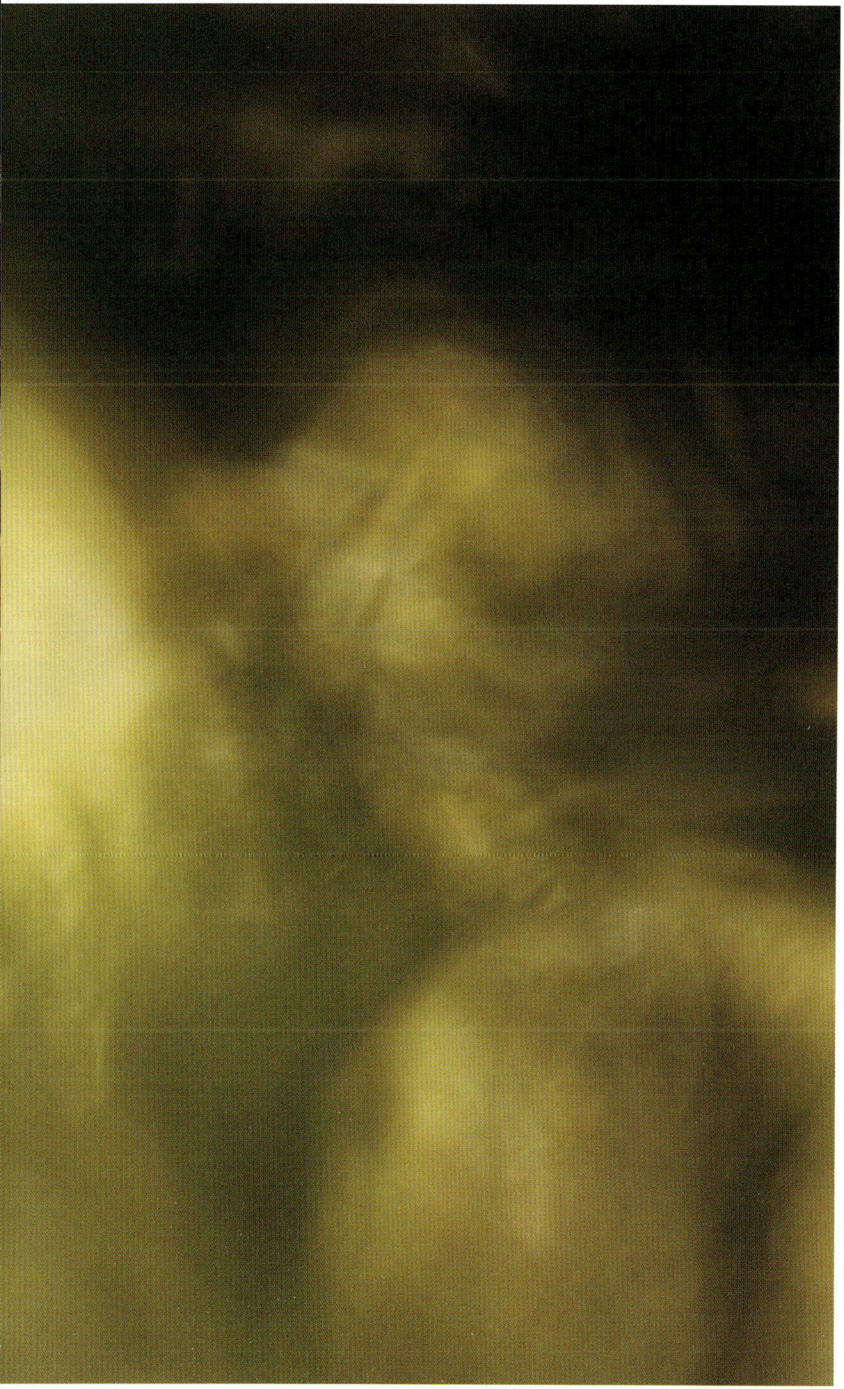

de canaliser le rayonnement.
À la demande générale, voici l'anecdote concernant la ficelle. « En cette matinée dominicale, toutes les conditions sont réunies pour s'adonner à la photo botanique : la nuit a été fraîche et humide, et le ciel est désormais dégagé. Armé de mon 105 mm, je me tiens à quelques centimètres de la berge, côté terre, et je m'apprête à effectuer la prise de vue d'un roseau, à mi-hauteur, à l'aide de ma ficelle stabilisatrice. Le sol, qui a accumulé l'humidité de la nuit, est malheureusement boueux, et la pression que j'exerce avec l'aide du pied n'est pas suffisante pour contenir la tension du fil. L'enchaînement des événements est ensuite des plus regrettables : fil qui s'échappe, objectif qui se relève soudain entraînant un déséquilibre arrière, violente chute dans la vase, double lutz piqué des pieds suivi d'une réception impeccable en milieu aqueux… »

Avantages et inconvénients du milieu

Aux avantages déjà présentés dans le chapitre dédié aux prairies, j'ajouterais :

– La lumière, qui, assurée par la réflexion du soleil sur l'eau, offre un éclairage très particulier, que certains utiliseront à leur avantage pour créer des images à fort contraste afin d'accentuer la séparation des plans de prise de vue, en particulier le premier plan, où se situe votre sujet, et les plans plus éloignés. Des taches

lumineuses circulaires particulièrement esthétiques, autrement nommées *flare*, peuvent également tapisser l'arrière-plan pour peu que vous photographiiez votre sujet en plongée : ces effets se verront magnifiés si vous recourez à de grandes ouvertures de diaphragme.
– En vous plaçant de manière que le plan d'eau occupe une partie importante de l'arrière-plan, vous pourrez jouer avec les reflets et faire apparaître une image du cercle solaire alors même que celui-ci ne figure pas dans l'axe de la prise de vue (ceci est également valable pour d'autres éléments du décor). De plus, si l'eau n'assure qu'une diffusion très partielle de la lumière au moment de la réflexion, celle-ci est généralement suffisante en début ou fin de journée pour que l'image du Soleil n'y soit pas surexposée, et se présente comme un disque orangé incandescent. Dans le même ordre d'idées, la surface de l'eau peut apporter de nouvelles couleurs sur votre cliché (il s'agira le plus souvent de la végétation située plus en arrière) par simple réflexion.

Le milieu présente par ailleurs les mêmes inconvénients que les prairies, auxquels j'ajouterais que l'eau et l'électronique font rarement bon ménage, et, pour peu que vous ne soyez pas équipé de matériel waterproof (si au contraire vous l'êtes, c'est l'occasion rêvée de vérifier les dires du constructeur en plongeant allègrement votre boîtier dans la rivière), toute chute sera

Ranunculus sp.
Renoncule sp.
Canon 5D Mark II
100 mm
f/4
1/320 s
ISO 100

inévitablement synonyme d'appareil et/ou d'optique hors d'usage (retour au SAV, garantie expirée de quelques jours, somme exorbitante demandée, etc.). Un moyen simple de vous éviter ce genre de mésaventure est de veiller à toujours porter votre appareil autour du cou à l'aide de la sangle d'épaule (oui, ne vous laissez pas berner par son nom, on peut l'utiliser autrement qu'en bandoulière), qui vous a normalement été fournie à l'achat.

Que photographier ?

Outre les usuels roseaux et autres laîches qui font figure d'incontournables dans ce type de milieu, les bords d'étangs et de rivières réservent également quelques jolies surprises, même si force est de reconnaître que les amateurs de tonalités acidulées risquent de rester sur leur faim, les couleurs se faisant, hélas, relativement rares. Heureusement, l'iris faux-acore jaune vif, la balsamine de l'Himalaya rose bonbon, la véronique des ruisseaux bleu pâle et le nénuphar, comptant autant de couleurs que d'espèces différentes, redonnent ici de l'éclat à la flore locale.

Cardère sauvage
Canon 20D
300 mm
f/4
1/8000 s
ISO 500

Hesperis matronalis
Julienne des dames
Canon 5D Mark II
300 mm
f/4
1/800 s
ISO 100

Iris faux-acore
Canon 5D Mark II
300 mm
f/4
1/1250 s
ISO 500

POUR ALLER PLUS LOIN...

L'EAU DANS TOUS SES ÉTATS

Considérez ce dernier chapitre comme un hors-série, qui ne répond pas exactement à la problématique soulevée par cet ouvrage, à savoir la photo botanique, mais s'intéresse plutôt aux éléments extérieurs qui pourraient éventuellement entrer en contact avec votre fleur, et avec lesquels vous devrez composer au moment de la prise de vue.

Au risque de subitement calmer la ferveur qui entoure ce chapitre énigmatique, je n'aborderai pas ici la prise de vue d'insectes et d'araignées, d'autant qu'en cherchant bien (pas trop quand même) vous devriez trouver des ouvrages développant le sujet en profondeur. L'objet des lignes qui suivent sera donc l'eau et les différentes formes qu'elle peut prendre selon les conditions de température et de pression ambiantes, à savoir la goutte (de pluie ou de rosée), le givre ou la neige.

En ouverture :

Tulipe
Canon 5D Mark II
65 mm
f/5.6
1/100 s
ISO 400

Premiers pas…

Même si les chances sont faibles pour que quiconque s'intéresse à cette anecdote, sachez que j'ai personnellement découvert la photo de gouttes au hasard d'une mise au point ratée sur un pétale de rose qui venait d'affronter une violente averse. Je disposais à l'époque d'un compact numérique : la visée se faisait directement sur l'écran orientable de 1.5 pouce qu'arborait fièrement l'appareil, et la mise au point était bien évidemment automatique (ce qui à l'époque signifiait aléatoire). Difficile dans ces conditions de savoir précisément quelle image allait se former sur la surface sensible du capteur au moment du déclenchement. Ma séance photo terminée, je m'empresse de transférer le contenu de la carte mémoire sur mon PC en espérant découvrir quelques photos réussies parmi les dizaines réalisées. L'une en particulier attire mon attention par son décalage de mise au point… vous connaissez la suite de l'histoire. J'ai assez vite compris que les propriétés particulières de l'eau alliées aux teintes irisées des pétales de fleurs pouvaient donner des résultats surprenants. De plus, cette nouvelle discipline propose un argument de poids puisque les jours de pluie, auparavant synonymes de « journées sans photo », peuvent désormais être exploités pour s'adonner à sa passion ! La pluie n'étant pas la seule façon de « récolter » des perles d'eau, j'ai également appris à écourter mes nuits pour profiter de la rosée du petit matin. Étonnamment, les gouttes issues de la rosée et celles de la pluie ont des formes totalement distinctes : ceci est en partie dû à la manière dont elles se créent.

Gouttes de rosée et de pluie

Formation

La rosée résulte d'un phénomène de condensation, lié à une différence de température entre le sol et l'atmosphère. Car l'air qui nous entoure n'est pas sec, il contient de l'eau qui, si certaines conditions de pression et de température ne sont pas réunies, reste à l'état gazeux. Au contact d'un sol refroidi par la nuit, la température de l'air diminue

Canon 5D Mark II
65 mm
f/2.8
1/125 s
ISO 400

et la pression atteint la « pression de vapeur saturante ». Des gouttelettes de rosée se forment alors sur l'objet « froid » : feuilles ou fleurs.
Si la température est telle que ces gouttes viennent à geler, on parle alors de « rosées blanches ».
Sachez enfin que certaines conditions favorisent la formation de rosée : un ciel dégagé, une nuit calme, un air humide sont autant de facteurs nécessaires à l'apparition de ce phénomène. Il est donc possible de planifier ses séances photo pour ne pas abréger inutilement une bonne nuit de sommeil.
La pluie, quant à elle, provient d'amas gigantesques (les nuages) formés de particules atmosphériques autour desquelles se sont condensées de fines gouttelettes d'eau (la température peut y être négative, il s'agit alors de cristaux de glace). Tout est ensuite affaire de pesanteur : si ces gouttes

Canon 5D Mark II
65 mm
f/4
1/125 s
ISO 100

(ou cristaux), qui grossissent par condensation principalement, deviennent trop lourdes, elles tombent et forment la pluie (dans le cas des cristaux, il pleut uniquement si ces derniers se réchauffent et passent à l'état liquide pendant leur chute).

Différentes approches

Au final, la goutte de rosée sera de taille réduite et généralement parfaitement sphérique, tandis que la goutte de pluie sera plus grosse et fréquemment allongée, à cause de l'impact sur son support (pétale, feuille, etc.). Ces différences morphologiques ont une incidence directe sur le type de clichés que vous pourrez réaliser, qui sont au nombre de trois (en supposant que vous souhaitiez mettre la goutte en valeur et ne pas miser sur un flou artistique complet) :

– Le contour de la goutte est net : la principale difficulté réside dans la mise au point sur le contour, assez délicate à obtenir, et d'autant plus que le rapport de grandissement est élevé. On reste cependant dans un cadre photo classique, donc à vous de choisir votre ouverture de diaphragme en fonction du « sens » que vous souhaitez donner à votre photo. Une grande ouverture diluera l'arrière-plan et mettra la goutte particulièrement en valeur, une petite ouverture assurera la mise au point sur le contour mais affichera un environnement plus présent. Toutes les gouttes se prêtent à ce genre de clichés.

Canon 5D Mark II
65 mm
f/3.5
1/125 s
ISO 400

– Le reflet dans la goutte est net : ceci sous-entend dans un premier temps que la goutte reflète une image non déformée, et donc susceptible d'apparaître nette sur le cliché ! Alors que les gouttes de pluie affichent des reflets souvent illisibles car étirés à l'extrême, les gouttes de rosée, de par leur aspect, sont particulièrement adaptées dans ce cas précis. Mais la forme de la goutte n'est pas suffisante, l'objet reflété doit se trouver à bonne distance si l'on veut le voir apparaître distinctement. Autre point à signaler : l'image dans la goutte est inversée : une fleur située à droite de la goutte apparaîtra dans le reflet à gauche, la tête en bas. La goutte agissant comme un mini grand-angle, une grande partie de son environnement risque d'être visible dans le reflet : pas d'étonnement donc si le ciel est en bas et le sol en haut. D'un point de vue technique, ce style de photo va nécessiter une ouverture réduite, sans quoi une partie du reflet restera floue. Mais en procédant de la sorte, la profondeur de champ autour de la goutte va également croître et faire ressortir l'arrière-plan… cruel dilemme. La seule solution consiste à trouver une goutte suffisamment isolée pour que l'augmentation de la profondeur de champ ne nuise pas à la lecture de l'image finale. Un brin d'observation devrait suffire.
– Le reflet et le contour sont nets : il faut cumuler les profondeurs de champ des deux cas précédents et donc recourir à une ouverture

encore plus petite. L'explication est simple : aussi étonnant que cela puisse paraître, la goutte se comporte un peu comme un miroir, et son contour et le reflet qu'elle renferme ne sont pas situés sur le même plan de netteté. Pour vous en assurer, photographiez-vous dans un miroir : votre reflet sera net sur votre cliché mais l'encadrement du miroir apparaîtra flou.

Exposition

Voilà ce qu'il y avait à dire concernant la mise au point et la profondeur de champ. Reste maintenant la question ô combien délicate de l'exposition, et plus précisément de l'éclairage. Vous rencontriez déjà des problèmes pour éviter les reflets disgracieux sur les pétales de texture soyeuse ? C'est ici cent fois pire, et d'autant plus si vous travaillez au flash. En lumière naturelle, veillez simplement à toujours vous munir d'un diffuseur : même en début ou en fin de journée, la lumière du soleil, bien que plus douce, risque de générer des halos ou des taches blanches sur votre cliché. En intercalant votre diffuseur « poignée », vous devriez pallier ce problème.
Un réflecteur ne sera pas non plus de trop pour amener un peu de lumière dans une zone ombragée. Un filtre polarisant pourra aussi vous être d'un grand secours en supprimant les composantes indésirables de cette lumière.
Si en revanche vous êtes, comme moi, adepte de la photo en lumière

Canon 20D
100 mm
f/3.2
1/100 s
ISO 400

Canon 5D Mark II
65 mm
f/3.2
1/125 s
ISO 400

artificielle, ça se complique. Le but inavoué du flash étant, rappelons-le, de se faire oublier sur le cliché final, vous allez devoir ruser et user de subterfuges pour atteindre le résultat désiré. Sont déjà à proscrire toutes les sources de lumière situées dans l'axe appareil/gouttes (flash intégré, flash cobra, etc.), qui risquent de former une tache centrale sur la goutte et gêner sa « lecture »... tout du moins si elles sont utilisées telles quelles. Il est en effet possible, notamment si l'arrière-plan n'est pas trop éloigné de la goutte et peut donc servir de ce fait de « tremplin » pour l'éclair, de masquer la lumière directe du flash à l'aide d'un rectangle opaque. La goutte n'est de ce fait plus éclairée de front, mais de derrière : elle se couvre alors d'un voile de nacre quasi métallique.

L'idéal, vous l'aurez compris, est de déporter le flash hors de l'axe objectif/goutte : vous devriez ainsi minimiser les risques de « capter » un éclair réfléchi. Nous l'avons vu précédemment, plusieurs solutions s'offrent à vous pour déporter votre flash : vous équiper d'un transmetteur (avec ou sans fil) ou utiliser un flash maître capable de commander d'autres flashes. Attention cependant avec les flashes macro, qui, même s'ils sont déportés en bout d'objectif, restent dans l'axe de la goutte : un flash annulaire risque d'afficher un superbe reflet circulaire, un flash à têtes réflecteurs, deux rectangles lumineux (ou plus selon le modèle que vous utilisez)

en périphérie de la goutte. On aime ou on n'aime pas… Utilisant ce type de flash, je ne trouve pas les reflets engendrés dérangeants outre mesure, d'autant qu'ils confèrent à la goutte d'eau un aspect « glacé » assez graphique.
Pour le reste, vous devriez faire des miracles en appliquant la « recette classique de la photo botanique » : un brin de mesure matricielle, un soupçon de génuflexion pour se mettre à hauteur de sujet, laisser mijoter juste le temps d'éviter le flou de bougé… et servir sur un point chaud. D'un point de vue matériel, un trépied ou un monopode seront les accessoires incontournables pour ce type de photo : ils vous apporteront de la stabilité et vous permettront de recourir à des poses longues si la lumière vient à manquer. Veillez également à protéger votre matériel, on ne le répétera jamais assez : l'eau mouille. Un sac de congélation pourra de nouveau être utilisé comme protection (n'oubliez pas de laisser un accès au viseur, cela peut toujours être utile). Je vous conseille une fois de plus d'utiliser un filtre UV pour protéger votre lentille frontale.

De l'éthique de la goutte d'eau

Plutôt surprenant comme intitulé, j'en conviens. L'idée m'est venue alors que j'exposais une série sur les gouttes d'eau lors d'un festival photo. Outre les visiteurs qui béaient d'admiration devant ma maîtrise des logiciels de retouche (« Les couleurs sont

naturelles ? — Comment avez-vous fait pour ajouter le reflet dans la goutte ? — La goutte était déjà sur le pétale quand vous avez pris la photo ? »), d'autres, l'air complice, m'avouaient connaître la méthode pour prendre ce style de photo : vaporiser l'eau directement sur les fleurs à l'aide d'un spray ou même utiliser de la glycérine comme substitut. Il est bien sûr possible de recourir à de tels stratagèmes, mais pourquoi se priver du spectacle que nous offre la nature un jour de pluie, ou le matin aux premières lueurs de l'aube ? Apprenez à aiguiser votre sens de l'observation et vous découvrirez des merveilles et des beautés qu'aucune intervention humaine ne pourra jamais égaler.

Pissenlit
Canon 5D Mark II
100 mm
f/3.2
1/125 s
ISO 400

Canon 5D Mark II
100 mm
f/4
1/125 s
ISO 100

Canon 5D Mark II
100 mm
f/3.5

Givre

Formation

Tout d'abord, précisons que « givre » et « rosées blanches » sont radicalement différents par leur formation : le givre naît en effet d'un phénomène de surfusion de gouttelettes d'eau, qui passent à l'état solide au contact de la plante. J'ose à peine vous définir ce qu'est la surfusion au risque de mettre à bas vos idées reçues sur l'eau : on dit que cette dernière est en surfusion si elle reste à l'état liquide alors même que la température est inférieure à celle à laquelle elle se change normalement en glace ; on peut ainsi observer de l'eau liquide à –39 °C.

Cet état, aussi sublime soit-il (petite dédicace aux fans de thermodynamique), est très instable, et la moindre perturbation (contact avec un objet, présence d'une micropoussière, etc.) va immédiatement transformer notre eau en glace. La légende veut même que des chevaux sauvages, fuyant un feu de forêt, auraient voulu traverser un lac en surfusion et s'y seraient vus emprisonnés, la cristallisation ayant été activée par leur brutale entrée dans l'eau (on trouve autant de versions différentes de ce mythe que de conteurs, je ne saurais donc m'engager sur l'authenticité des faits qui y sont relatés).

Pour en revenir au givre, les gouttelettes qui en sont à l'origine proviennent généralement du brouillard, dont la composition est identique à celle des

Brin d'herbe
Canon 5D Mark II
65 mm
f/4.5
1/100 s
ISO 500

Canon 5D Mark II
100 mm
f/4.5
1/160 s
ISO 100

nuages : en entrant en contact avec des plantes, les micro-perles d'eau se cristallisent à la surface de leurs feuilles, les couvrant ainsi d'un manteau blanc des plus esthétiques.

Méthodologie

La photographie de givre présente un degré de difficulté sans commune mesure avec celle de gouttes d'eau, notamment parce que le premier est bien moins enclin à générer des reflets, de par sa structure en micro-facettes qui renvoient la lumière dans plusieurs directions, là où la surface de la goutte d'eau se comporte à la manière d'un « gros » (c'est relatif bien sûr) réflecteur unidirectionnel. L'utilisation d'un diffuseur reste toutefois de rigueur, d'autant plus si vous utilisez un flash, et devrait aisément vous prémunir contre toute mauvaise surprise. La seule véritable anicroche que vous pourriez éventuellement rencontrer concerne le calcul de l'exposition, qui risque d'être quelque peu faussé, en mode multizone, par la présence de ces multiples pigments blancs qui occupent une grande partie de l'image. Vous rétablirez la situation en surexposant très légèrement à la prise de vue.

Anémone pulsatille
Canon 20D
100 mm
f/4.5
1/400 s
ISO 100

Neige

Formation

Souvenez-vous : les gouttes de pluie peuvent être des cristaux de glace au sortir de nuage, qui se réchauffent pendant leur chute et passent à l'état liquide. Si d'aventure la température n'est pas suffisante pour atteindre celle de fusion de l'eau, les cristaux conservent leur état solide et s'agglutinent les uns aux autres pour former des flocons. Ceux-ci, qui peuvent adopter des formes diverses et variées selon la température et le degré d'humidité, ont tous en commun une structure hexagonale.

Perce-neige
Canon 5D Mark II
100 mm
f/5
1/1250 s
ISO 400

Méthodologie

Pourquoi donc s'intéresser à la photographie de neige, qui nous honore généralement de sa présence en hiver, alors qu'il s'agit précisément de la saison où les plantes perdent feuilles et fleurs ? Tout d'abord parce que quelques irréductibles parmi elles parviennent à survivre aux conditions météorologiques extrêmes imposées par cette saison (d'autres même ne peuvent se développer que par climat ingrat), et ensuite parce que la neige est un paramètre environnemental à prendre en compte au moment de la prise de vue, en particulier si, comme moi, vous ne jurez que par la mesure d'exposition multizone. Analysons une photographie de plante entourée de neige, comme le ferait notre posemètre : « blanc… beaucoup de blanc… ramener blanc à valeur moyenne il faut. », et au final la neige apparaît grise sur votre cliché. Il faut donc surexposer à la prise de vue d'au moins 2/3 d'IL pour rendre à la neige sa blancheur immaculée.

Lamiacée sp.
Canon 5D Mark II
100 mm
f/5
1/100 s
ISO 100

Canon 20D
100 mm
f/3.5
1/100 s
ISO 100

CONCLUSION

J'espère que vous aurez pris autant de plaisir à lire ce livre que j'en ai eu à le rédiger mais rendons-nous à l'évidence : les meilleures choses ont une fin, et il est l'heure pour nous de nous séparer.

Vous aurez certainement constaté que ce livre est plus orienté « artistique » que « botanique », tout simplement parce qu'aucun ouvrage ne peut se vanter d'une complète objectivité, et reflète nécessairement la vision qu'a l'auteur du domaine abordé. Ainsi, la majorité des photographies présentées ici affichent une profondeur de champ réduite, voire minime, pour mettre en valeur la plante en la dissociant optiquement de son environnement : le flou « esthétique » est privilégié au détriment de la netteté « scientifique ». Mais qu'importe, car qui peut le plus peut le moins : travailler à grande ouverture vous impose de soigner l'ajustement de la mise au point et de prévoir méticuleusement la répartition de la zone de netteté sur votre sujet. Une fois cette approche maîtrisée, vous ne rencontrerez aucune difficulté à utiliser des ouvertures de diaphragme moindres pour étendre la profondeur de champ, et ainsi faciliter l'identification de votre sujet ou mettre en évidence une partie de son environnement.

La rédaction d'un ouvrage technique est un travail de longue haleine, et c'est donc le cœur léger que je vais maintenant pouvoir reposer mes bras et mes jambes, meurtris par des séances photo répétées au milieu des ronces, chardons et autres orties. Je souhaite que toutes ces douleurs n'aient pas été vaines, et que j'aie réussi à vous transmettre ma passion pour le monde végétal, cet univers haut en couleur qui donne de la vie à nos jardins, nos prairies et nos forêts, mais dont certaines espèces sont menacées de disparition par les modifications, même mineures, de leur biotope. La conservation des espaces verts doit être notre priorité à tous, car n'oublions pas que de leur survie dépend également la nôtre.

Geranium pratense
Canon 5D Mark II
300 mm
f/4
1/400 s
ISO 100